科學天地 BWS171

觀念化學 2

化學鍵‧分子

Conceptual Chemistry
Understanding Our World
of Atoms and Molecules

By John Suchocki, Ph. D.

蘇卡奇 著　　蔡信行 譯

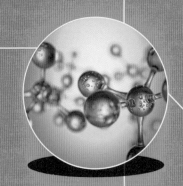

作者簡介

蘇卡奇（John Suchocki）

美國維吉尼亞州立邦聯大學（Virginia Commonwealth University）有機化學博士。他不僅是出色的化學教師，也是大名鼎鼎的《觀念物理》（*Conceptual Physics*）作者休伊特（Paul G. Hewitt）的外甥。

在取得博士學位並從事兩年的藥理學研究後，蘇卡奇前往夏威夷州立大學（University of Hawaii at Manoa）擔任客座教授，並且在那裡與休伊特一同鑽研大學教科書的寫作，從此對化學教育工作欲罷不能。

蘇卡奇最拿手的，就是帶領學生從生活中探索化學，他說：「當你好奇大地、天空和海洋是什麼構成的，你想的就是化學。」他總是想著要如何用最貼近生活的例子，給學生最清晰的觀念；他也相信，只要從基本觀念著手，化學會是最實際且一生受用不盡的科學。

目前，蘇卡奇與他的妻子、三個可愛的小孩，一同定居在佛蒙特州，並且在聖米迦勒學院（Saint Michael's College）擔任教職，繼續著他熱愛的教書、寫書，還有詞曲創作的生活。

譯者簡介

蔡信行

台灣大學化學工程學系畢業，美國卡內基美隆大學（Carnegie-Mellon University）化學博士。專長為高分子化學及物理、流變學、能源及石油化學，歷任中國石油公司煉製研究所研究組長、企劃處副處長、研究發展委員會執行祕書，現已自中油退休。

曾任東海大學及靜宜大學兼任副教授，現為國立台灣科技大學化工系兼任教授及國立成功大學石油策略研究中心兼任研究員。

著有《奈米科技導論》、《石油及石油化學工業概論》等，譯有《凝體 Everywhere》、《生物世界的數學遊戲》、《國民科學須知》、《現代化學 I》、《看漫畫，學化學》（天下文化出版）。

觀念化學2　化學鍵・分子

第5章｜原子模型

第6章 化學鍵結與分子的形狀

第**7**章 分子混合

第**8**章 奇妙的水分子

05

原子模型

原子雖小，要搞懂它可不容易！

單單要弄清楚原子裡電子與原子核的相對關係，

科學家就提出過布丁、行星等等的原子模型，

而有了原子模型，

我們才能真正明白原子的世界，瞭解元素的性質，

進而知道分子的特性。

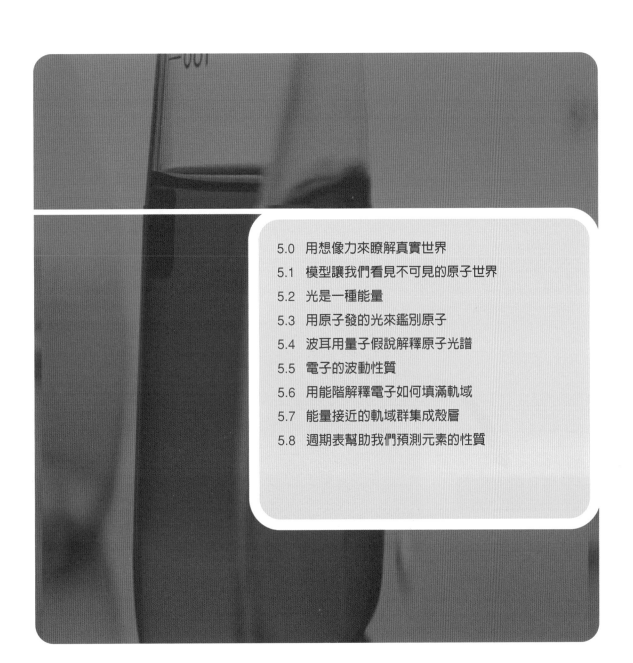

5.0 用想像力來瞭解真實世界

很多化合物的元素加熱時會發光並產生顏色。例如鍶會發紅光、鈉發黃光、鋇發黃綠色的光。把這些元素與火藥包在一起，點燃後就是燦爛的煙火秀。有趣的是，單一元素發出的光，含有很多相疊的顏色，這些顏色可以用稜鏡一一分開。圖 5.1 中顯示的是鍶的發光火花。左方小圖的光條，是由照相機的稜狀過濾器產生的，稱為光譜模式，顯示這種元素有很多色調。

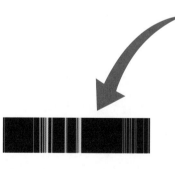

▲ 圖 5.1
鍶燃燒後發出的光，經過稜鏡散射，會分出含有許多顏色的光譜。

每一種元素都會放射出特有的光譜模式，可依此來鑑別元素，就像用指紋來鑑別人一樣。我們在這一章將述及，科學家在 1900 年代早期看到這種光譜模式時，把它當成原子內部結構與動態的線

索。科學家研究這些光譜模式並進行實驗，發展出了原子模型。這些模型不斷經過修正，到今天還在修正，化學家因此對原子的性質有深入的瞭解。

　　本章將探討原子模型的發展。這是本書最有挑戰的一章，它所提供的資料，可以幫助你深入瞭解週期表，以及明白原子如何互相反應形成新材料，而後面這一點更是隨後幾章的主題。

5.1 模型讓我們看見不可見的原子世界

　　原子非常小，一個棒球所含的原子數目，就等於地球所能裝入的乒乓球數目，如圖 5.2 所示。這個數目超級大，甚至超出你的想像。原子那麼的小，用一般的方法根本沒法看到。光以波傳送，光波才能使肉眼看到東西，但原子的直徑比可見光的波長還小，即使

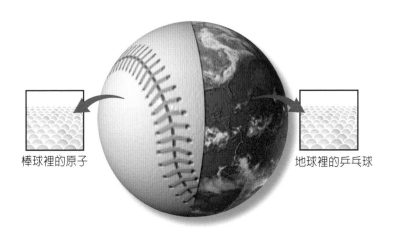

棒球裡的原子　　　　　　　　　　　　地球裡的乒乓球

圖 5.2
如果地球只裝乒乓球，球的數目將大約等於棒球裡面的原子數目。換不同的說法，如果棒球像地球這麼大，那麼一個原子就如同乒乓球般大。

我們堆疊數個顯微鏡，仍然沒辦法看到個別的原子。情況就如同圖
5.3 所示，放大倍數最大的顯微鏡，也只能看見直徑大於可見光波長
的物體。

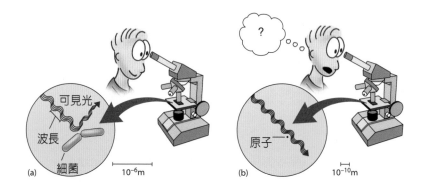

图 5.3
利用可見光當光源的顯微鏡，可以看到微小的物體，但看不到超微小的粒子。
（a）一般的顯微鏡可以看到細菌，因為細菌大於可見光的波長，可以反射可見
光，所以我們能用顯微鏡看到細菌。（b）一般的顯微鏡看不到原子，是因為
原子小於可見光的波長，不能把可見光反射到我們的眼睛裡。

　　雖然我們不能直接看到原子，但可以間接使它們產生影像。在
1980 年代的中期，研究人員開發出了「掃描穿隧式顯微鏡」（scan-
ning tunneling microscope, STM），它利用一根超細的針在樣品表面來回
拖拉產生影像。物體表面原子的突起，會使針頭上上下下，這種垂
直運動由電腦偵測到後，會把表面上原子的相對位置，轉譯成地貌
似的影像。STM 也可以用來推移個別原子到想要的位置（圖 5.4），

這種能力開啓了奈米技術領域，奈米技術能用一個一個的原子建造出難置信的微型電子電路與馬達。

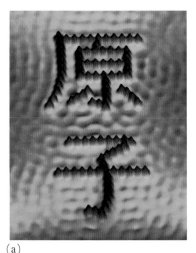

(a)

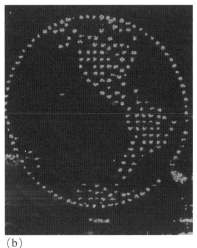

(b)

 圖5.4

（a）使用掃描穿隧式顯微。在銅（III）上移動鐵原子寫出的「原子」二字。（b）此為世界上最微小的地圖，它的每一點包含了幾千個金原子，每一原子被STM移動到適當的位置。

觀念檢驗站

Q 爲什麼我們看不見原子？

你答對了嗎？

A 個別原子小於可見光的波長，可見光會直接穿過它們，所以無法反射可見光。用 STM 產生的原子影像並不是用照相機拍得的照片，而是用超細的針在物體表面移動，再由電腦轉譯而成的。

很小或很大的物體，都可以用**實體模型**來表示，這種模型以適當的比例複製物體。如圖 5.5a，就是皮膚的大比例模型，學生用它來研究皮膚的內部構造。不過，因爲原子看不見，我們沒辦法用實體模型來表示它們。換句話說，我們沒辦法只把原子放大（STM 僅顯示出原子的「位置」，而不是原子的眞正影像，原子並沒有如同圖5.4的STM影像所隱涵的固定表面）。所以，化學家不用實體模型描述原子，而是用**概念模型**，就是描述一個「系統」。概念模型愈準確，所預測的系統行爲也愈準確，如圖5.5b 所見，氣象是用概念模型描述的。這種模型顯示系統的各個成分：濕度、氣壓、溫度、電荷、空氣中大質量物體的運動等，互相的關係。

其他也用概念模型敘述的系統有：經濟、人口成長、疾病的傳播、團隊運動等。

📥 圖5.5
（a）這種大比例的皮膚模型是實體模型。（b）氣象預報員依靠這類的概念模型，預測氣象系統的行為。

（a）

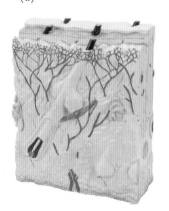

（b）

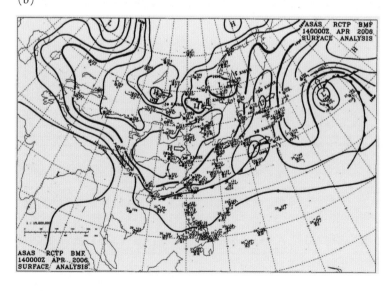

觀念檢驗站

籃球隊教練講解戰術時，是在戰術板上畫草圖推練，這種圖是實體模型還是概念模型？

你答對了嗎？

這種圖是概念模型，教練用這個模型來解說他的系統（比賽場中的球員），希望預測出結果（贏得球賽）。

　　與氣象系統一樣，原子也是複雜的系統，組成間會互相作用，所以要用概念模型來描述。因此，你應該不要把原子概念模型的表現法，當成眞正原子的作用方式。例如，在第 5.4 節中，會提到原子的行星模型，它顯現電子環繞原子核旋轉，有如行星繞太陽運轉。不過，這種行星模型有其限制，它沒辦法解釋所有原子的性質。所以後來有更新且更準確（也更複雜）的原子概念模型出現。在新模型中，電子成雲狀飛旋於原子核上。但這些模型也仍有限制。所以，原子最好的模型還是要用純數學來表現才行。

　　在本書中，我們的概念模型是要用視覺影像來表現，包括行星模型、電子雲模型，以及電子群組成所謂「殼層」的模型。儘管每一個模型都有限制，但這些影像對學習化學很有幫助，特別是對剛開始學化學的學生。這些模型是科學家發展出來的，目的是用來解釋原子如何發出光。因此，我們開始研究原子模型之前，要先複習光的基本特性。

5.2 光是一種能量

光是稱為「電磁輻射」（electromagnetic radiation）的一種能量形態。光以波傳送，波有如小石頭掉進池塘引起的漣漪。只不過，電磁波是電與磁場的振動，不像水是物質的振動。我們遇到的大多數電磁輻射是電子產生的，因為電子很小，可以用高速率振動。

電磁波的兩個波峰間距稱為**波長**。波長的範圍從短於 1 奈米（10^{-9} 公尺）的 γ 射線，到長於 1 公里（10^3 公尺）的無線電波；其中 γ 射線是高能量的電磁波，而無線電波是低能量的電磁波。圖 5.6 標示出這兩個波長，一個很長，另一個很短，這是為了增加學習的理解而畫的示意圖。

電磁波也可用**波頻**（波的頻率）來表現，頻率是波振動的快慢。電磁波的波長愈短，頻率就愈大。例如，γ 射線的波長極短，所以頻率極大；無線電波波長極長，頻率非常小。

波頻的基本單位是赫（hertz, Hz），1 Hz 等於每秒進行一個完整的振動。電磁輻射波的頻率範圍從 γ 射線的 10^{24} Hz 到小於 10^3 Hz 的無線電波。波的頻率愈高，能量就愈高，因此 γ 射線的能量，比無線電波高得很多。

我把這個桿頭輕打水面，就產生水波波從接觸點向外擴散出去，情況類似原子的電子來回振動，產生電磁波從原子傳播出去。而且很好玩，我敲打得愈快，波就一個一個的愈靠緊。

　　圖 5.6 是**電磁光譜**，顯示電磁輻射的全程頻率與波長。電磁光譜中，能量最大的為 γ 射線，接下來的區域能量稍小一點，是 X 射線，其次是紫外線。可見光的電磁輻射頻率範圍狹窄，約在 7×10^{14}（700 兆）赫到 4×10^{14}（400 兆）赫之間。這個區域包含了我們眼睛可以鑑別的七彩，有從 700 兆赫的紫色到 400 兆赫的紅色。比可見光能量還低的是紅外線（我們皮膚可以感受的「熱波」），再來是微波（用來炊煮食物），最後是無線電波（經由此波傳送收音機與電視的信號），無線電波的能量最低。

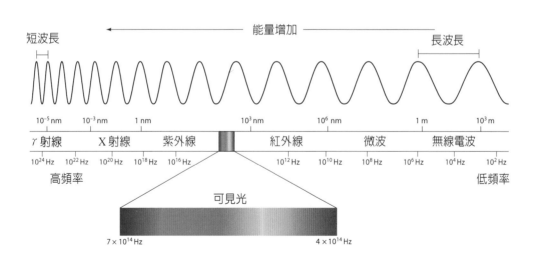

🏠 圖 5.6

電磁光譜是頻率的連續帶，從高能量的 γ 射線向低能量的無線電波延伸。γ 射線的波長短、頻率高，無線電波波長長、頻率低。這些區域的名字僅代表歷史分類，因為所有的波性質都一樣，差別僅在於波長與頻率。

觀念檢驗站

Q

你能夠看到、聽到無線電波嗎?

你答對了嗎?

A

我們眼睛看得到的電磁輻射,頻率範圍很小,只在 700 兆赫到 400 兆赫的可見光範圍。無線電波雖然 也是一種電磁輻射,但它的頻率遠低於眼睛看得到 的範圍,所以我們看不到無線電波,也不能聽到它 們。不過,若打開收音機可以間接聽到無線電波的 聲音。收音機的聲音是把無線電波轉成信號,帶動 揚聲器產生耳朵可聽到的聲波。

　　我們眼睛同時看到所有可見光的頻率時,看到的就是白光。把 白光通過稜鏡或繞射光柵,可以分出光的顏色組成,如圖 5.7 所示, 光柵是玻璃或塑膠片,有蝕刻的微小線條。(記住,可見光的每一 種顏色代表不同頻率。)

圖 5.7
白光可用(a)稜鏡、(b)繞射 光柵,分出七彩的組成色光。

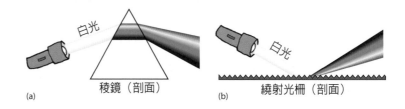

　　圖 5.8 的**分光鏡**，是用來觀察光源顏色組成的儀器。我們會在下節討論，分光鏡可以讓我們分析元素受激發而發出的光。

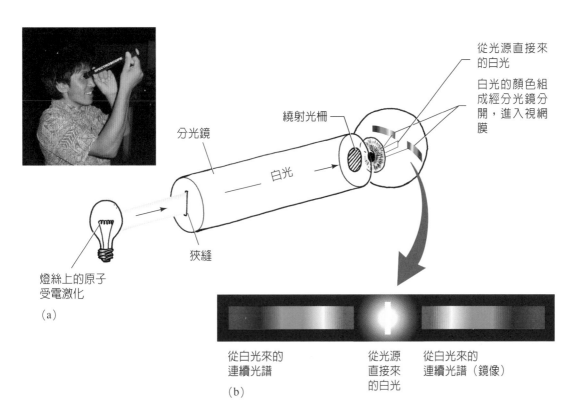

圖 5.8

（a）在分光鏡中，原子放出的光通過狹縫，經稜鏡或繞射光柵（這用的就是光柵）分離出特定頻率。（b）當白色光源通過繞射光柵分光鏡的狹縫時，我們眼睛會看到這種光譜。有各種顏色的光譜出現在狹縫的左邊與右邊。

5.3 用原子發的光來鑑別原子

原子吸收熱或電能等不同形態的能量，就可能發光。不過，元素的原子只能放出某種頻率的光，每一種元素吸收能量後會發出特定的光。如同在本章開頭時提到，鈉原子發出的明亮黃光可做成街燈，因為我們的眼睛對黃光很敏感。再舉一個例子，氖原子發出明亮的紅橙色光，可用來做霓虹燈的光源。

用分光鏡來看發光的原子的光時，看到的光不是連續光譜，而是由許多不連續（互相分開）的頻率組成的，並非如圖 5.6、5.7 及 5.8 所示的連續光譜。元素受火焰加熱會發出特有的顏色，這種實驗稱為焰色測試，用來測試樣品中有哪些元素存在，用分光鏡觀看，可以看到每一個元素的顏色，會顯現出特定的頻率模式，稱為該元素的**原子光譜**。原子光譜是元素的指紋。我們可以用分光鏡來看發光的特別模式，藉此辨認光源中的元素。如果你沒有機會使用分光鏡，那就試試下面「生活實驗室」的光譜模式活動。

生活實驗室：光譜模式

到玩具店買一些「彩虹」眼鏡。這些眼鏡的鏡片有繞射光柵。透過光柵，你會看到光分開成各種顏色組成。某些光源，如月光或汽車的頭燈，會分成連續光譜，從紅到紫連續出現。

不過，也有一些光源發出特定數目的不連續顏色。例如街燈、霓虹燈、仙女棒與煙火。你看到這些光源的光譜模式，是光源中元素經加熱後產生的原子光譜。要看到這些模式最好距離光源至少 50 公尺，這個距離會使光譜看起來像是一連串的點。

雷射唱片的讀取面可以用來觀看光譜模式。把唱片擺到眼睛的高度，平行於地面，然後對著光源看去，觀察彩虹的反射。在專心觀看反射時，把唱片盡量靠近眼睛，會使光譜模式更明顯。把彩虹眼鏡與唱片的經驗，在下一次你們晚上逛街聚會時，分享給朋友。你們會發現每一種光都有自己獨特的模式，試試看你們能觀察到多少種？

生活實驗室觀念解析

彩虹眼鏡上的繞射光柵有腐蝕刻製的垂直線與水平線，使顏色在左邊與右邊出現，在上方與下方出現，也從各角落出來。雷射唱片也有類似的繞射光柵，因為它的表面含有很多微小凹痕。

用肉眼來看，發光的元素只顯現出單一顏色。不過，這種顏色是元素放射出很多可見光頻率組合出來的。只要用分光儀這一類設備就可分出不同頻率的光。然而，你在看原子光譜時，不要誤以為光（顏色）的每一頻率相對於不同的元素。應該記住，你看到的是單一元素的電子在各能階間來回移動，放射出的所有的光頻率。

不是所有元素都放射出不連續的可見光譜，例如鎢會產生全光譜的所有顏色（白光），因此可用來做汽車頭燈的發光組件，如下圖所示。還有，下圖中也可以看到，太陽光照到月球的反射光非常亮，其中包含了許多元素的光，也顯現出寬廣的光譜。

觀念檢驗站

你如何推斷出恆星的元素組成？

你答對了嗎？

用一個好的分光鏡來觀測、研究恆星的光譜模式。
在 1800 年代後期，有人曾用分光鏡觀察太陽，除了
觀測到氫與其他的已知元素之外，還發現一個無法
辨識的模式。科學家歸結說這種無法辨識的模式是
屬於地球還未發現的元素。他們稱這種元素為「氦」
（helium），名字取自希臘字的「太陽」（*helios*）。

1800 年代的研究人員注意到，最輕的元素氫，它的原子光譜比
其他元素更有規則，圖 5.9 是氫光譜的一部分。請注意相繼的線條，
它們之間的間隔有規則的減小。瑞士的教師巴耳摩（Johann Balmer,
1825-1898）把這些線條的位置用數學式表示。芮得柏（Johannes
Rydberg, 1854-1919）也注意到氫原子光譜的另外一種規則性：兩條線
頻率的和有時候等於第三條線的頻率。例如：

△ 圖5.9
氫原子光譜的一部分。這些頻率
比可見光要高，所以我們看不到
它的顏色。

第一條光譜線	1.6×10^{14} Hz
第二條光譜線	$+ \ 4.6 \times 10^{14}$ Hz
第三條光譜線	6.2×10^{14} Hz

氫原子光譜的規則引起了巴耳摩與芮得柏、以及當代其他探討

者的好奇心。不過，這種規則為什麼會存在，當時的人還無法擬出可接受的原子模型假說來解釋。

5.4 波耳用量子假說解釋原子光譜

　　我們今天能夠瞭解原子與它們的光譜，要歸功於德國物理學家蒲郎克（Max Planck, 1858-1947）。在 1900 年，蒲郎克提出假說指出光的能量像物質一樣，都是「量子化」（quantized）的。

　　要瞭解「量子化」這個有趣新名詞的意義，可以用金磚為例來解釋：金磚的質量等於單個金原子的整數倍；同樣的，電荷也是單個電子的整數倍。因此質量與電荷都是「量子化」的，它們都是基本單位的整數倍組成的。

　　蒲郎克的**量子假說**認為，光束的能量不是連續的能量（非量子化），而是由數兆億個不連續的小能量包裹組成的，這種小能量包裹稱為**量子**，圖 5.10 是量子的示意圖。

光源　　　　　　　　　　　　　　光線

光的一個量子（光子）

◀ 圖 5.10
光是量子化的，是由一束能量包裹組成的。能量包裹稱為量子，也通稱為光子。

高頻率的高能量光子

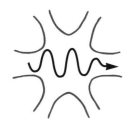

低頻率的低能量光子

圖 5.11
光子的頻率愈大時，載有的能量
就愈大。

後來，在 1905 年，愛因斯坦認為這些光的量子行為頗像物質的微小粒子。為了強調它們具有粒子的天性，每一個光的量子就稱為**光子**，選用「光子」這個名字，因為要與電子、質子與中子等名稱相類似。

讓我們花一點時間來理解，光就像一束發射的小子彈這個奇妙的事實。不過如果是這樣的話，第 5.2 節中說光是電磁波，是說錯了呢，還是謊言？都不是，證據告訴我們，光具有「波與粒子兩種性質」，這就是概念模型這種觀念派上用場的地方了。科學家在研究可見光（或任何其他的電磁輻射）時，可以選擇光是波或粒子流，用最適合的模型因應所需，依據所選擇的模型來描述光的波動性質或粒子性質。本書把光子畫成爆開的信號，而信號裡有光波，以此表現出光的二象性（圖 5.11）。

如同圖 5.11 所顯示的，光子的能量隨光的頻率增加而增加。例如，紫外線光子的能量，比紅外線的光子來得大（圖 5.6）。

丹麥科學家波耳（Niels Bohr, 1885-1962）用蒲郎克的量子假說，解釋了原子光譜。首先，波耳認為在原子內，電子的位能與電子跟原子核的距離有關，情況就像物體的位能與它跟地球表面的距離有關一樣：物體距離地面愈遠，位能愈大，因此電子距原子核愈遠，位能也愈大；其次，波耳認為原子吸收光子後，會獲得能量，這個能量由環繞原子核的一個電子吸收。電子獲得能量後，它一定要從原子核移開；換句話說，原子吸收光子，會使原子裡低位能的電子成為高位能的電子。

波耳還認為相反的敘論也成立：原子內的高位能電子失去能量後，電子會向原子核靠近，並放出光子。光子的吸收與放出都如圖 5.12 所示。

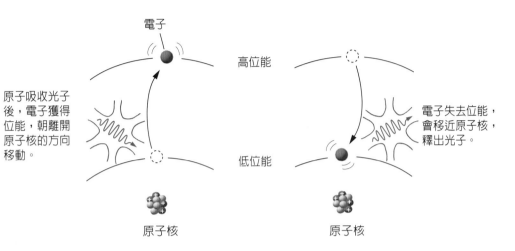

電子

高位能

原子吸收光子後，電子獲得位能，朝離開原子核的方向移動。

電子失去位能，會移近原子核，釋出光子。

低位能

原子核

原子核

⌂ 圖 5.12

原子吸收光子後，電子會遭推離原子核。原子放出光子後，電子會掉到較靠近原子核的區域。

觀念檢驗站

Q

紅光的光子與紅外光的光子，哪一個有較多的能量？

你答對了嗎？

A

如圖 5.6 所示，紅光的頻率比紅外光的頻率高，也就是紅光光子的能量比紅外光光子的能量高。請各位記得，光子是一個不連續輻射能量的能量包裹。

就像我無法站在兩個相鄰階梯之間一樣，電子的能量也不能介於兩個能階之間。

波耳認為既然光能是量子化的，原子內電子的能量也必須是量子化的。換句話說，電子不能說要有多少位能就有多少位能，在原子內，電子必須在特定的「能階」（energy level）上，能階的概念相似於樓梯的階梯。爬樓梯時，你不能站在兩個相鄰階梯之間。同樣的，原子容許的能階是有限定的，電子的能量一定是在允許的能階上。波耳給每一個能階一個**主量子數** n，且 n 是整數。最低能階的主量子數是 $n = 1$。$n = 1$ 的電子離原子核最近，而 $n = 2$、$n = 3$ 等等，就距原子核愈來愈遠。

波耳運用這種觀念，發展出一種概念模型。在模型中，電子在距原子核的某些限定距離上，環繞原子核轉動，這些距離決定電子的能量。波耳發現這個模型與行星環繞太陽的軌道一樣，行星繞行太陽時，軌道與太陽的距離也是固定的。因此，原子的容許能階可以畫成如圖 5.13 的原子核軌道。我們稱波耳的量子化的原子模型為「行星模型」（planetary model）。

圖 5.13

波耳的原子行星模型。當中，電子環繞原子核的軌道頗像行星環繞太陽的軌道一樣。這種圖形的表現方式可以幫助我們瞭解，電子為什麼只能擁有某些能量。

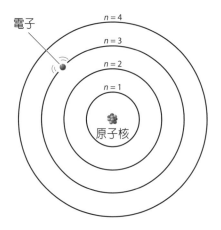

　　波耳用行星模型解釋，原子光譜為什麼會固定是某些特定的頻率。根據模型，電子從高能量的外軌道移到較低能量的內軌道時，原子會放出光子。放出的光子能量，等於兩個軌道之間的能量差。因為電子是限定在不連續的軌道上，所以只能放出特定頻率的光，就如原子光譜所示。

　　很有趣的，電子在任何兩個軌道間的變動都是瞬間發生的。換句話說，電子從高軌道「跳躍」到低軌道時，並不像松鼠從高的樹枝跳到低的樹枝那樣，電子在兩個軌道的移動彷彿不花時間。波耳很慎重的敘述電子絕對不會存在於容許的能階之間。

　　波耳也有辦法解釋，為什麼原子放光時，前兩個光的頻率和，常會等於第三個光的頻率。如果電子提升到了第三能階，也就是 n = 3 的第三高軌道，電子可以經由兩條路徑回到第一軌道。如同次頁的圖 5.14 所示，電子可以從第三軌道，一步就回到第一軌道，或走兩步，先從第三軌道到第二軌道，再到第一軌道。一步躍遷放出的光子，頻率是 C，而走兩步放出的光子，頻率一個是 A，一個是 B。這三個光子的頻率 A、B 與 C 相當於三條光譜線。注意，A 的能量躍遷加上 B 的能量躍遷就等於 C 的能量躍遷，且因頻率與能量成正比，頻率 A 加上頻率 B 就等於頻率 C。

　　波耳的行星模型相當成功。波耳的模型運用了蒲郎克的量子假說，解開了原子光譜的原來祕不可解的問題。不過波耳的模型雖然在這方面成功了，還是有限制，因為它不能解釋為什麼原子的能階是量子化的。波耳自己很快的指出，他的模型只是粗略的起步，而且不能完全用行星繞太陽的模式，解釋電子繞原子核運轉的情況（但科普作家不太理會這種警告）。

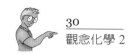

▷ 圖5.14

(a) 原子放出（或吸收）的光，頻率與電子軌道間的能量差成正比，軌道的能量差是不連續的，所以放出的光，頻率也不連續。在這裡，電子只能放出三種不連續頻率的光：A、B 與 C。能量躍遷愈大，放出的光子，頻率也愈大。（b) A 的能量躍遷與 B 能量躍遷（或頻率）的和，等於 C 的能量躍遷（或頻率）。

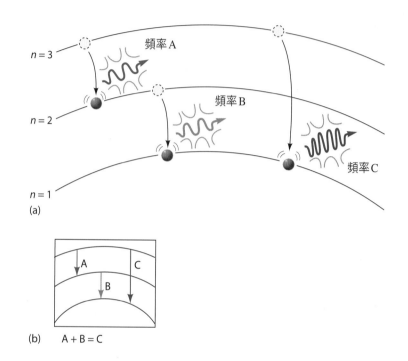

(a)

(b)　　A + B = C

觀念檢驗站

Q
假定圖 5.14 放出的光，沿 A 路徑時，頻率是 50 億赫，沿 B 路徑時是 70 億赫。那麼沿 C 路徑時，電子放出的光，頻率是多少？

你答對了嗎？

把兩個已知頻率加起來，就得到 C 路徑的頻率：
50 億赫＋70 億赫＝120 億赫。

5.5　電子的波動性質

　　如果光有波與粒子兩種性質，為什麼電子等物質粒子，不能也有這兩種性質？法國物理學家德布羅依（Louis de Broglie, 1892-1987）於 1924 年提出了這個問題，當時他還只是研究生。他對這個問題提出了顛覆性的解答，指出物質移動時，多少都顯現出波的性質。電子移動得愈慢，就愈像有質量的粒子；不過，電子移動得愈快時，就愈像能量波。這種二象性就是愛因斯坦著名方程式 $E = mc^2$ 的延伸，它告訴我們，物質與能量是可以互相轉換的（《觀念化學 1》的第 4.9 節）。

　　電子顯微鏡的原理，應用的是快速移動的電子會有波的性質。電子顯微鏡焦聚的不是可見光的波，而是電子波。電子波比可見光的波還短得多，所以電子顯微鏡的顯像，比光學顯微鏡更精細。電子顯微鏡是電子波的實際應用。電子束的波長只有可見光波長的幾千分之一，所以電子顯微鏡可以鑑別出光學顯微鏡看不到的東西。

　　在原子內，電子移動得非常快速，每秒約跑 2 百萬公尺，因此顯現出波的很多性質。電子波的性質可以解釋為什麼在原子內，電子受限在特定的能階上：電子波在軌道上相遇，形成同步產生的結果。

　　我們可以用次頁圖 5.15 的環圈做類比。這個環圈固定在機械振動器上，調整振動器可以產生不同波長的波。波在線圈上行進時，會在線圈上與前面的波相疊，產生了「駐波」（standing wave）（圖 5.15 b）。駐波是相繼的波以波峰與波峰重合、波谷與波谷重合，使

波強化。如果是用其他的波長，如圖 5.15c 所示，相繼的波沒有同步化，波就無法增強。

電子局束在原子內時，能呈現的波長就是那些能自行增強的波長。這些波很像是以原子核爲中心的駐波，每一個駐波會相對於一個可容許的能階，原子可以吸收或放出的光，是能量與兩個可容許能階差值一致的光。

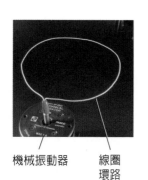

機械振動器　線圈環路

(a)

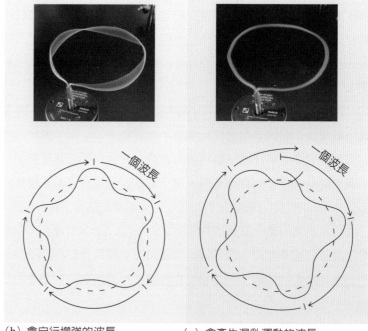

(b) 會自行增強的波長　　(c) 會產生混亂運動的波長

🏠 圖 5.15

固定周長的線圈環路，只能在一些波長上能自行增強。

(a) 固定於機械振動器柱子上的線圈，在靜止狀態。柱子振動時，波就傳到線環上。 (b) 波在特定的速率振動下自行增強。 (c) 波若在其他的速率下振動，就不能自行增強。

生活實驗室：橡皮筋的波

把橡皮筋放在你兩個拇指之間拉伸，在其中一段彈一下。不管你在哪一段彈一下，產生最大的振盪總是在中點。這就是在拇指間來回反彈的波重疊後，產生的共振波。

在一般的光線下，很難看出波的來回走動。如果要看清楚一點的話，可以在陰極射線管顯示器前撥彈橡皮筋。陰極射線管顯示器放出的光像是閃光般，會使波顯得慢一點。

變化橡皮筋的拉張程度，看看有什麼不同。

生活實驗室觀念解析

有的共振波聽起來很悅耳，像是吉他聲，但有的會造成橋樑的大災難。1940 年，美國革盛頓州的塔科瑪海峽受到輕級風的吹過，使新建的塔科瑪窄橋開始振盪，產生的頻率造成共振，橋吸收了風的能量，使得波動愈來愈強（歷時好幾天），最後橋便崩塌了。因此，要建造結構耐用的建築，在設計時，先要考慮避免共振的情形產生。

觀念檢驗站

Q　電子要怎樣才能有波的性質？

你答對了嗎？

A　根據德布羅依的假說，物質粒子有波的性質，是它的運動造成的。電子要有波的性質就必須要運動。在原子內，電子運動的速度約爲每秒 2 百萬公尺，所以電子的波動性質是最明顯的。

機率雲與原子軌域讓我們看到電子波

電子波是三維的，我們很難想像，不過科學家用兩種方法把它們具體化：機率雲與原子軌域。

你在上一個生活實驗室中看到，當撥彈拉緊的橡皮筋時，產生的波，最大強度是在所彈線段的中點，而在末端則較微弱。相同的道理，原子內電子的駐波，在某些地方會特別強。1926 年，奧籍德國科學家薛丁格（Erwin Schrödinger, 1887-1961）寫出了一個很有名的方程式，可以計算原子內電子波的強度。不久後我們就知道，波的強度，是由波所在處電子出現的機率決定的。換句話說，電子最可能出現的地方，就是波強度最大之處；波強度最小的地方最不可能發現電子。

如果我們畫出特定能量下，電子的位置相對時間的點狀圖，產生的模式就會像圖 5.16a 的**機率雲**，圖 5.16a 是氫電子的機率雲圖。雲點愈密集的區域，發現電子的機率愈大，有最強的電子波。因此機率雲圖的形狀，非常接近真實電子的三維波圖。

▷ 圖 5.16

（a）氫電子的機率雲。點的密度愈大，在那兒發現電子的機會就愈大。（b）氫原子的電子軌域。電子有 90% 的時間是在所示球體內。

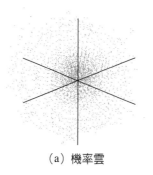

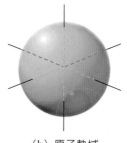

（a）機率雲　　　　（b）原子軌域

　　原子軌域是最可能發現電子的空間，這與機率雲的概念類似。習慣上，我們用線條圈出原子軌域的邊界，電子在 90% 的時間內會存在於邊界界定的體積內，如圖 5.16b 所示。不過，這個邊界是隨意的，因為電子可存在於邊界的兩邊，但大部分的時間是在邊界裡。

　　機率雲與原子軌域實際上是同一件東西，只是原子軌域圈出了邊界，這樣的圖我們比較容易瞭解。

　　次頁的表 5.1 列出了頭四個原子軌域，用 *s*、*p*、*d*、*f* 等英文字母來分類，這四個原子軌域形狀不同，各有巧妙。最簡單的是 *s* 軌域。*p* 軌域含有兩葉，像個沙漏。*p* 軌域有三種，差別只在三維空間中不同的朝向。較複雜的 *d* 軌域有五種可能的形狀，*f* 軌域則有七種形狀。

　　不要強記所有的軌域形狀，尤其是 *d* 與 *f* 軌域。不過，你應該要瞭解每一種軌域代表不同的區域，在這個區域裡，最可能發現某種特定能量的電子。

觀念檢驗站

電子波與原子軌域的關係如何？

你答對了嗎？

原子軌域可以描述出，電子駐波環繞原子核的近似形狀。

表5.1 頭四個原子軌域：*s*、*p*、*d*、*f*

軌域種類	空間位向

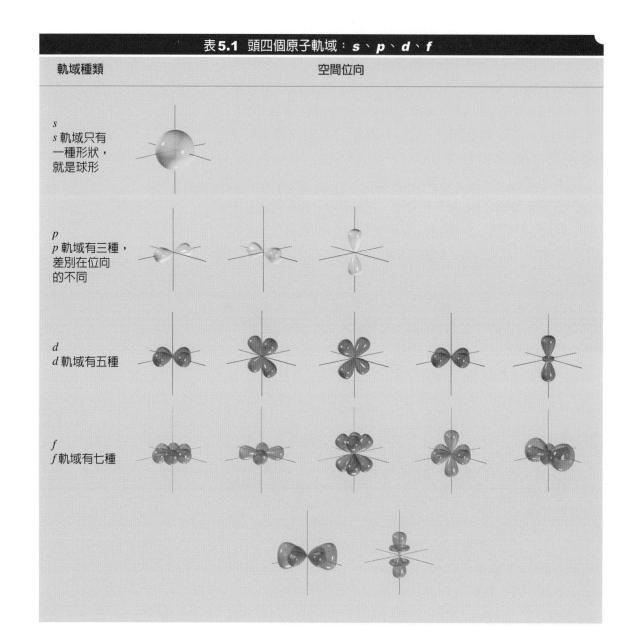

s

s 軌域只有
一種形狀，
就是球形

p

p 軌域有三種，
差別在位向
的不同

d

d 軌域有五種

f

f 軌域有七種

　　各種原子軌域之間除了形狀不同之外，相對應於不同的能階，大小也會不同。通常高能量的電子，離原子核較遠，也就是在空間上分布的體積會更大。所以，電子的能量愈大，原子軌域就愈大。不過，因為電子能量是量子化的，原子軌域大小也是量子化的。因此，軌域的大小是用波耳的主量子數來代表，如 $n = 1$、2、3、4、5、6、7 或更大。

　　頭兩個 s 軌域如圖 5.17 所示。最小的 s 軌域為 $1s$，1 是主量子數。第二個小的 s 軌域是 $2s$，依此類推。

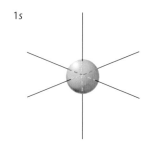

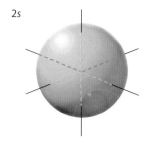

△ 圖 5.17
$2s$ 軌域比 $1s$ 軌域大，因為 $2s$ 上的電子能量較大。

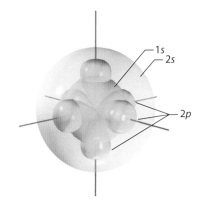

△ 圖 5.18
氟原子有五個重疊的原子軌域，其中共有九個電子，不過這裡沒有畫出來。

　　所謂的原子軌域，只不過是空間裡可能有電子存在的區域，因此軌域在原子內可能會互相重疊。圖 5.18 顯示出，氟原子的電子分布在 $1s$、$2s$ 及 $2p$ 軌域中。

沙漏狀的 p 軌域能明顯的顯示出電子的波動性質。p 軌域不像真正的沙漏，兩個葉片並沒有相通，但電子仍自由的從一個葉片移動到另一個葉片。這是怎麼發生的？我們可以用巨觀世界的例子來瞭解。

彈吉他的人可以輕輕扣住弦上的中點（第 12 品），並同時撥彈別的地方產生高音調的泛音。情況如圖 5.19 所示，仔細察看這根弦，弦上別的地方都在振動，但弦在第 12 品正上面的點，並沒有振動，此點稱為「節」（node）。雖然弦在節上沒有動，但波還是會通過節點傳播。因此雖然僅撥彈一邊，吉他弦在節的兩邊都會振動。同樣的道理，p 軌域的兩葉片之間的點就是一個節，電子可以穿過這個節點，但是要藉助波動性質的能力。

節

🏠 圖5.19
即使只在吉他節點的一邊撥彈，但因為波可以通過節點，弦在第 12 品節點的兩邊都會振動。

觀念檢驗站

試著區別軌域與波耳的軌道有何不同。

你答對了嗎？

軌道是一個物體環繞另一個物體所遵循的明確路徑。波耳在他的原子行星模型中提出了，電子環繞原子核的軌道類似於行星環繞太陽的軌道。

原子軌域是一種空間體積，在那兒最可能發現特定能量的電子。軌道與軌域的共同處在於，都使用波耳的主量子數來表示在原子中的能階。

　　波耳行星模型的一個缺點是，原子裡的電子局限在不連續的有限能階上，而能階是因為要配合光譜數據而套上的隨意數值。在另一方面，根據電子波動行為建造的原子模型，顯示電子不連續的能量數值，是原子裡電子受限造成的結果。波耳行星模型說明了光量子為什麼產生，波動模型更進一步把電子當物質與光來處理，就是電子有時候是粒子，有時候是波。波動模型的觀念雖然抽象，但成功的顯示出，它比波耳的行星模型更適合敘述原子的基本的性狀。

生活實驗室：量子化的汽笛

把你可以透過長管吹口哨，使哨聲也「量子化」。長管可用紙捲成。首先，你吹口哨，從高音到低音，一口氣盡量的大聲吹。然後，拿起管子到嘴邊，再吹一次。啊！不管怎麼試，有一些頻率你就是吹不出來。這些頻率無法出現，是因為它們的波長不是管長的倍數。

使用不同長度的管子來試。若想聽得更清楚，要使用可彎曲的塑膠管，一端放到嘴邊，一端彎到耳朵旁。

你的口哨受管子的限制，結果頻率會量子化；同理，電子波受限在原子內時，電子的能量也會量子化。

生活實驗室觀念解析

當人們看你進行這項表演時，也許會認為你是故意吹出「階梯式」的音響。讓他們自己試試看，並解釋這種量子化。試著用你的管子哨子吹出所有的音階，瞭解每一個音階相似於原子的一個能階。長管與短管，哪一個會造成較多的音階？為什麼要吹響花園中的水管那麼困難？

如果你在管上打幾個洞，就會改變管中形成的駐波的頻率，而產生不同的音調。這就是笛子或薩克斯風等樂器的原理。

5.6 用能階解釋電子如何填滿軌域

　　每一個軌域可容納兩個電子，不能再多。要瞭解兩個互相有電斥力的電子，爲什麼可以共存在同一個空間，要回到物理面來解釋。從物理中，我們知道電子有一種叫做「自旋」（spin）的性質，自旋有兩種狀態，這兩種狀態類似球的旋轉，可以順時鐘或逆時鐘進行，如圖 5.20 所示。

　　兩個電子如果自旋狀態相反，會有相反的磁場排列且互相吸引。這樣就補償了電子間的電力排斥（這種解釋並不完全正確。不過，更正確的解釋，已超出了本書的範圍）。

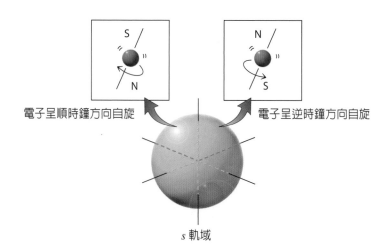

電子呈順時鐘方向自旋　　　　　　　電子呈逆時鐘方向自旋

s 軌域

📖 圖 5.20

原子軌域中，兩個自旋狀態相反的電子，可能會成對出現。

　　我們可以把自旋的概念與軌域模型合併，把原子用一個個的電子建構起來。圖 5.21 的**能階圖**，就是用這個概念畫出來的，圖中的每一個方塊代表一個軌域，電子用箭頭來代表。在同一個軌域裡兩個自旋方向相反的電子，就用兩個指向相反箭頭代表。

　　鋰原子（Li，原子序 3）有 3 個電子，你認爲在哪些軌域中最容易發現電子？如圖 5.21 所示，位置較低的方塊，代表較低能量的軌域。低能量軌域是給最靠近原子核的電子的。因此，這些低能量的

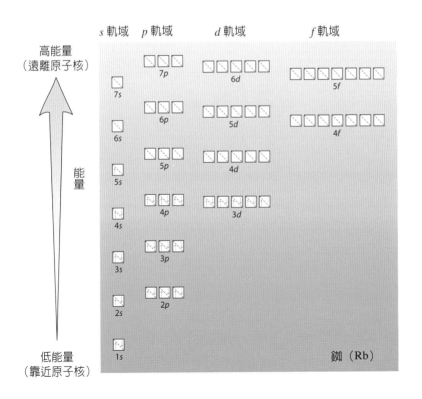

這個能階圖顯示，多電子原子的原子軌域裡，相對能階的狀況。這裡顯示的是原子序 37 的銣（Rb）。

軌域會先有電子填入其中。鋰原子在最低能量的狀態下，有兩個電子會先填入 1s 軌域，第三個電子則填在 2s 軌域中。

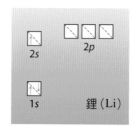

　　硼（B，原子序 5）在最低能量狀態下，五個電子中有四個填入 1s 及 2s 軌域。第五個電子會放在任一個 2p 軌域中，這三個軌域的能階都相同：

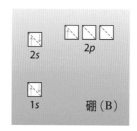

　　碳（C，原子序 6）有六個電子。其中的五個就如硼一樣占據了 1s、2s 與 2p 軌域。不過，碳的第六個電子，可進入第五個電子所在的 2p 軌域中，與第五個電子成對；或進入另一個 2p 軌域中：

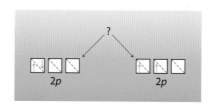

因為電子有互相排斥的天性，所以除非同能階的所有其他軌域，都已經有一個電子占據了，否則不會有成對的兩個電子出現在同一個軌域中。不同軌域的電子傾向以同方向自旋，所以箭頭都指同一個方向，直到有成對時才改變。因為這樣，最低能量狀態下的碳原子，它的 $2p$ 電子會在不同的 $2p$ 軌域上，但指向同一方向：

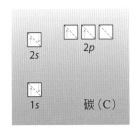

氮（N，原子序 7）有七個電子，它的 $2p$ 電子也沒有成對。不過，到了有八個電子的氧（O，原子序 8）時，其中有兩個電子不得不在同一個 $2p$ 軌域中成對（哪一個 $2p$ 都無所謂）。

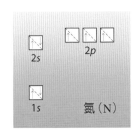
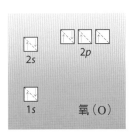

在這三個 $2p$ 能階裡，電子如何進入相同能階的軌域中？這與一群陌生乘客同搭公車的狀況相同，假定公車上都是雙人座位，乘客也都喜歡單獨坐，要到所有座位都有人時，才會與別人一起坐。

電子在原子軌域中的排列情況，稱為原子的**電子組態**。原子的電子組態如圖 5.22 的能階圖所示，電子是照能階的增加而漸次排入軌域中。請同時記住，電子如果必須在同一個軌域中成對，兩者的自旋方向要相反。

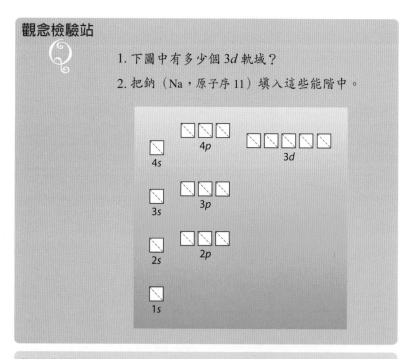

觀念檢驗站

1. 下圖中有多少個 $3d$ 軌域？
2. 把鈉（Na，原子序 11）填入這些能階中。

你答對了嗎？

1. 有五個 $3d$ 軌域，在圖中能階用方塊代表。如表 5.1 所示，這些 $3d$ 軌域的形狀與空間方向都不相同。

> 2. 電子會從最低能量軌域（1s）開始填入。每一個
> 軌域放入兩個電子，用相反方向的箭頭代表電子
> 的自旋方向相反。鈉的前 10 個電子填滿了 1s、
> 2s 與三個 2p 軌域，第 11 個電子獨自占據在 3s 軌
> 域中。

　　電子組態的表示法，是寫出有電子的軌域中，主量子數與軌域的代表字母，再用上標表示每一個軌域中有多少個電子。原子軌域按能階高低排列。第一族元素的電子組態就是：

氫（H）$1s^1$

鋰（Li）$1s^2 2s^1$

鈉（Na）$1s^2 2s^2 2p^6 3s^1$

鉀（K）$1s^2 2s^2 2p^6 3s^2 3p^6 4s^1$

銣（Rb）$1s^2 2s^2 2p^6 3s^2 3p^6 4s^2 3d^{10} 4p^6 5s^1$

銫（Cs）$1s^2 2s^2 2p^6 3s^2 3p^6 4s^2 3d^{10} 4p^6 5s^2 4d^{10} 5p^6 6s^1$

鍅（Fr）$1s^2 2s^2 2p^6 3s^2 3p^6 4s^2 3d^{10} 4p^6 5s^2 4d^{10} 5p^6 6s^2 4f^{14} 5d^{10} 6p^6 7s^1$

　　注意，所有上標加起來的總數，要等於原子的電子總數，即氫為 1、鋰是 3、鈉是 11 等等。也要注意軌域的排列順序與主量子數的大小不一定相關。例如第 41 頁的圖 5.21 顯示，4s 軌域的能量比 3d 軌域低，因此 4s 軌域排在 3d 軌域之前。

　　原子的性質大部分是由最外層，也就是距離原子核最遠的電子所決定。這些電子是在原子的「外表」上，直接與外在環境接觸。所以

各元素的最外層軌域，若有相似的電子組態，性質也會相似。例如，上面顯示，第一族的鹼金屬的最外層軌域（藍色）都是 s 軌域，上面也都只有一個電子。一般而言，週期表中同一族的元素，最外層軌域的電子組態會相似，這也解釋了為什麼同一族的元素，性質會相似。在《觀念化學 1》的第 2.6 節中，我們曾首先提到這種概念。

5.7 能量接近的軌域群集成殼層

能量接近的軌域可以群集一起，如圖 5.22 所示。1s 軌域因為沒有其他能量相近的軌域，所以只好單獨成一群。不過，2s 軌域的能階與三個 2p 軌域的能階很相近，所以這四個軌域可以群集起來。同理，3s 與三個 3p 軌域會成群、4s 與五個 3d 及三個 4p 軌域會在一起。最後得到的，就是七個水平列的軌域。

圖 5.22 的七個列相對於週期表的七個週期，最下面的一列相當於第一週期，第二列相當於第二週期，以此類推。還有，每一列可容納的電子數，相當於相對週期上的元素數目。圖 5.22 最底下的一列，最多可以容納兩個電子，所以第一週期只有氫與氦兩種元素。第二列與第三列中，每一列最多可容納八個電子，所以第二與第三週期都有八個元素。持續分析圖 5.22，你會發現第四與第五週期都各有 18 個元素，第六與第七週期各有 32 個元素（2016 年時，第七週期才確認完 32 個元素）

第 5.5 節曾說過，軌域的能階愈高，離原子核愈遠。因此在圖 5.22 中，同一列中各軌域的電子，與原子核的距離應大致相同。同一列的軌域可以畫成一個三維的中空殼層，如圖 5.23 所示。殼層代

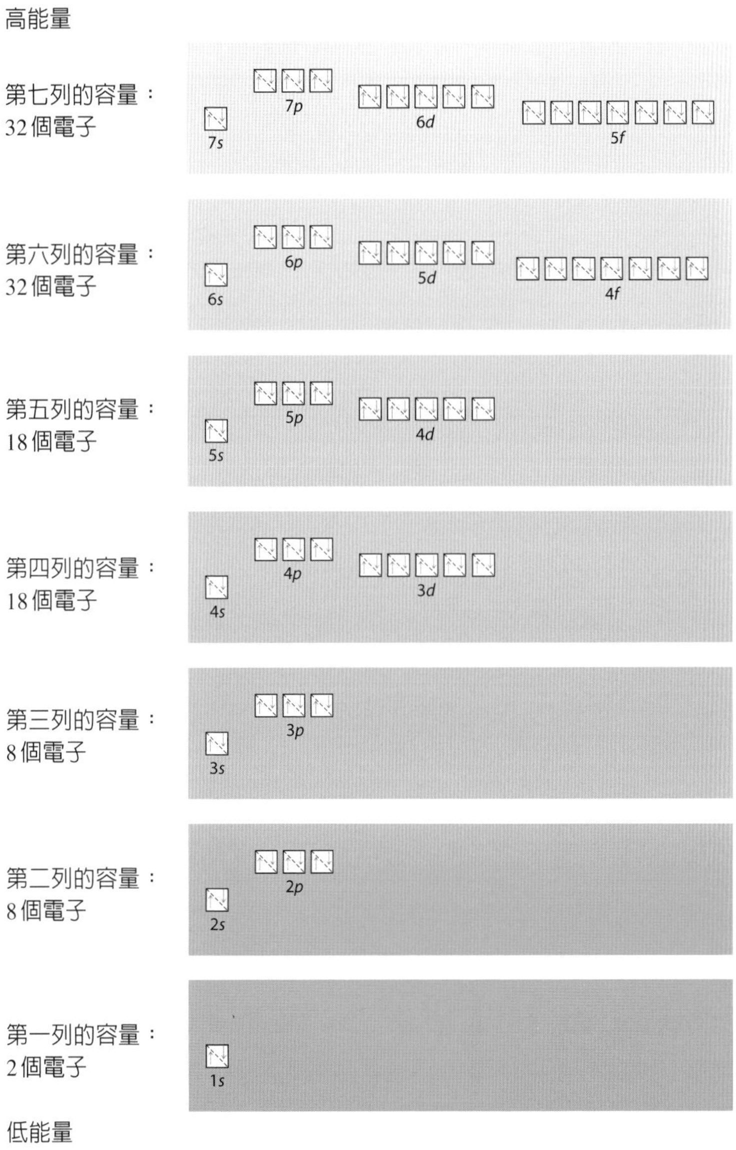
高能量
第七列的容量：
32個電子
7s
7p
6d
5f
第六列的容量：
32個電子
6s
6p
5d
4f
第五列的容量：
18個電子
5s
5p
4d
第四列的容量：
18個電子
4s
4p
3d
第三列的容量：
8個電子
3s
3p
第二列的容量：
8個電子
2s
2p
第一列的容量：
2個電子
1s
低能量

圖5.22
相近能階的軌域可以群集在一起，得到七列的軌域群。

表多電子原子相近能量軌域的集合。你會在下節看，到這種原子的「殼層模型」（shell model）可以解釋週期表的很多排列。

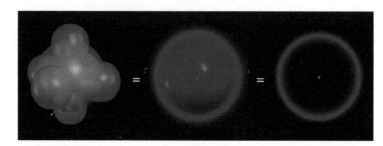

圖 5.23
第二列軌域中含有 2s 與三個 2p 軌域，可以用一個圓滑的球形殼層或是殼層的橫切面表示。

第二列的軌域
（2s 與 2p 軌域加成的合併軌域）

第二列的軌域
（高度簡化的透視）

第二列的軌域
（高度簡化透視的截面圖）

因此，圖 5.22 的七列軌域可以如圖 5.24 所示，用一連串的同心殼層，或一連串同心殼層的橫切面表示。每一個殼層可容納的電子

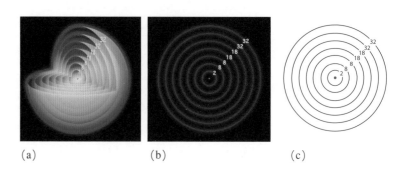

圖 5.24
（a）七個層殼的部分剖開圖，每一個殼層可容納的電子數顯示在圖上。（b）殼層的二維剖面圖。（c）便於繪製的剖面圖，類似波耳的行星模型。

(a)   (b)   (c)

數，等於它的軌域數乘以二（因為每一個軌域可以有兩個電子）。

　　電子填入殼層的方法，就如填入能階圖一樣：先把電子填入最靠近原子核的殼層。同時，按照陌生人共搭公車的同理心，電子在開始填入每一個殼層時不會成對，要到每一個軌域都有電子占據時，才會開始成對。圖 5.25 顯示前三個週期的配置。與能階圖的配置一樣，每一個週期有一個層殼，該週期的元素數目等於該層殼所能容納的最多電子數目。

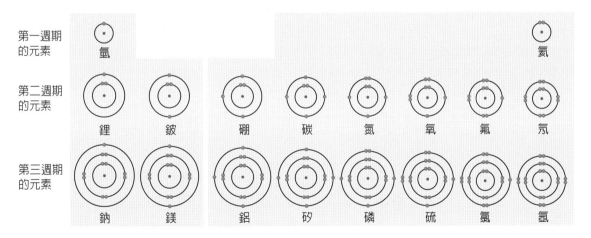

🏠 圖5.25
以殼層模型表示的週期表前三週期。同一週期的元素，電子在同一個殼層中。
同一週期的元素，最外殼的電子數目，互有不同。

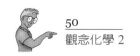

50

觀念化學 2

兩度獲得諾貝爾獎的化學家鮑林（Linus Pauling, 1901-1994）很早就提倡，在初等化學課程中對學生介紹殼層模型，由此模型可以敘述週期表的組織。就像本書介紹的，殼層模型中的軌域是按能階群組成的。不過，這種殼層模型與進階的物理及化學教科書敘述的不同，進階的物理及化學教科書認為，殼層是有相同主量子數的軌域群集成的。

觀念檢驗站

第四殼層有多少軌域？可放多少電子？

你答對了嗎？

第四殼層有九個軌域。因為提高了能階，它有一個 $4s$ 軌域、五個 $3d$ 軌域與三個 $4p$ 軌域。每一個軌域可容納兩個電子，所以第四殼層的總電子容量為 $2 \times 9 = 18$ 個電子，週期表第四週期的元素數目也是 18 個。

下一節，我們將探討如何利用殼層模型，解釋週期表的趨勢。還有更進一步簡化的殼層模型，叫做「電子點結構」（electron-dot structure），會在第 6 章提出，幫助你瞭解化學鍵結。但在用這些模型時要記住，電子並不是真的受限在某些殼層的「表面」上。要完整敘述原子中的電子，一定會牽涉到這些殼層所代表的軌域。不過，剛開始學化學時，簡化的殼層模型是很有用的。

5.8 週期表幫助我們預測元素的性質

用網篩上下拋動砂礫，就可以把大、小砂礫分開來。大於篩子孔洞的砂礫會留在篩子上，小的砂礫會通過篩孔。現在想像有一個薄膜，它的孔洞類似篩子的孔洞，但細小得只能分離兩種不同大小

的分子，例如氮（N_2）與氧（O_2）。這就要有絕佳的技藝，因爲這兩種分子的直徑只差了不到 0.02 奈米（2×10^{-11} 公尺）。你能不能預測氮分子與氧分子，哪一種較容易通過這種薄膜？

只要用週期表就可以回答這個問題，週期表能讓你準確預測原子及它形成的分子有何性質。舉例來說，在週期表愈左邊或愈下邊的元素，元素的原子愈大。相反的，愈右邊或愈上面的元素，原子就愈小。知道了這個，你就可預測氧原子的性質，氧原子與氮原子同在一列，但氧在氮的右邊，所以氧分子小於氮分子。因此，較小的氧分子，比較容易通過這個薄膜。事實上，分離空氣中氧與氮的薄膜已經有人開發出來了，而且成本也相當合理。

回顧《觀念化學1》的第 2 章，週期表上的每一行列上，各元素性質的漸進差異，稱爲「週期趨勢」。從簡化的殼層模型就可瞭解大部分的週期趨勢，週期趨勢隱含兩個重要的概念：「內殼層屏蔽」與「有效核電荷」。

如果你是氦原子殼層裡兩個電子中的一個電子，你與另一個電子共據此殼層，但是那個電子並不影響你對原子核的吸引力，因爲你們兩個對原子核都有相同的「視野」。如同圖 5.26 所示，你與相鄰的電子都會感受到有兩個質子的原子核，你們兩個對它的吸引力都一樣。

然而氦之後的原子就不一樣，因爲至少一層以上的殼層上有電子占據著，內殼層的電子會削弱外殼層電子與原子核間的吸引力。例如，你是次頁圖 5.27 中鋰原子上的第二殼層電子，你對著原子核看時，不只看到原子核，還看到第一殼層的兩個電子。這兩個內殼層的電子帶負電荷，會排斥你自己的負電荷，削弱你對原子核的吸引力。這就是**內殼層屏蔽**：內殼層的電子使外層電子感受到的核正

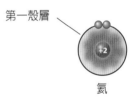

第一殼層

氦

🏠 圖 5.26
氦原子裡的兩個電子，受到原子核的相同大小的吸引。原子核與殼層界線間的粉紅色範圍，即表示這個吸引力。

第一殼層

第二殼層

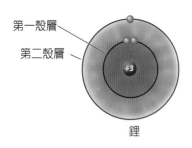

鋰

圖5.27

鋰第一殼層裡的兩個電子，屏蔽了第二殼層的電子受原子核的影響。原子核的吸引力用粉紅色代表，第二殼層中的顏色比較淺。

電荷吸引力受到了屏蔽。

因為內殼層電子減低了外殼層電子感受到的核吸引力，外殼層電子感受到的核電荷比實際上的少。這種核電荷稱為**有效核電荷**，縮寫為 Z^*（唸為 zee-star），在這兒 Z 代表原子核的電荷，星號表示這種電荷比事實上的少。例如，鋰的第二殼層電子，感受到鋰的有效核電荷是 1（核電荷減去第一殼層的電子數，$3 - 2 = +1$）而不是原子核全部的三個電荷 $+3$（鋰原子核的三個質子）。

通常，把元素原子核的電荷數減去內殼層的總電子數，就可得到有效核電荷的估計數。如圖 5.28 所示。

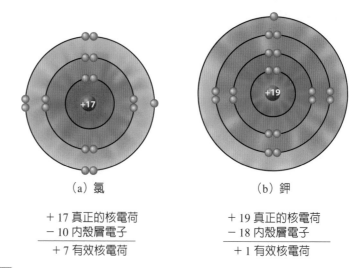

(a) 氯

(b) 鉀

$+17$ 真正的核電荷
-10 內殼層電子
————————
$+7$ 有效核電荷

$+19$ 真正的核電荷
-18 內殼層電子
————————
$+1$ 有效核電荷

圖5.28

(a) 氯原子占有三個殼層。內兩層的 $2 + 8 = 10$ 個電子屏蔽了 $+17$ 原子核對第三殼層 7 個電子的影響，因此第三殼層的電子感受到的有效核電荷變為 $17 - 10 = +7$。 (b) 在鉀原子中，第四殼層電子感受的有效核電荷為 $19 - 18 = +1$。

最小的原子在週期表的右上方

　　週期表裡，每一列中從左向右，原子的直徑會愈來愈小。以有效核電荷的觀點來解釋這種趨勢：鋰最外層的電子受到的有效核電荷為＋1，越過整個第二週期到氖，氖最外層的每個電子受到的有效核電荷是＋8，如圖 5.29 所示。氖最外層的電子受到的原子核吸引力較大，因此比鋰的電子更靠近原子核，所以氖雖然質量比鋰大三倍，但是直徑卻小得多。一般而言，在週期表上從左到右的橫列，因為有效核電荷增加，原子的直徑愈來愈小。

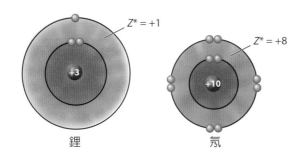

鋰　　　　氖

◁ 圖 5.29
鋰最外層的電子，受到的有效核電荷為＋1，氖的每一個最外層的電子受到的有效核電荷是＋8。氖的最外層電子比鋰的最外層電子更靠近原子核，所以氖原子的直徑會小於鋰原子的直徑。

　　回頭看第49頁的圖 5.25 ，你就會看到前三週期的這種趨勢。還有，次頁的圖 5.30 顯示了從實驗數據估計的相對原子直徑。請注意，這種趨勢有一些例外，特別是在第 12 族及第 13 族之間。

　　在週期表中，同一行由上而下原子直徑會逐漸變大，因為受電子占據的殼層數目逐漸增加。鋰的直徑小，因為它只有兩個殼層有電子占據，銫因為有七個殼層有電子占據，所以直徑大得多。

▷ 圖5.30
用高度表示相對的原子直徑。注
意原子的大小通常是在週期表的
左下方最大，而朝右上方減少。

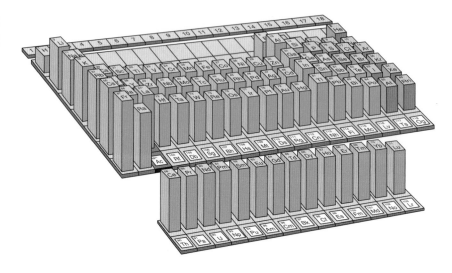

觀念檢驗站

硫原子（S，原子序 16）與砷原子（As，原子序 33）
相較，哪一個較大？可參看週期表。

你答對了嗎？

砷原子比較大，因為它在週期表上的位置比較接近
左下角。注意，你不必強記原子的大小，也不必用
圖 5.30 來回答問題。你可以用週期表為工具，找到
答案。

最小的原子最抓得住電子

　　原子抓住電子的力道有多強？這一項性質的**趨勢**也可以從週期表上看到。一般而言，原子愈小，其中的電子愈受束縛。

　　如前面討論的，在週期表中，同一列元素從左向右，有效核電荷漸增，每一週期愈向右，原子不只**變小**，也把電子抓得愈緊。例如，要從氖原子中脫去一個外層電子，所需的能量約是脫去鋰原子外層電子的四倍。

　　在週期表中，任何一族由上至下，有效核電荷都一樣。例如第一族的元素，有效核電荷都約是＋1。然而，因為殼層數目愈大，同族中愈下方的元素，會比上方的元素大，下方元素最外層的電子也因此離原子核相當遠。從物理學知道，電力受距離的影響很大，距離增加，電力會減弱得很快。圖 5.31 顯現出，較大的原子（如銫）對外層電子，並不如較小原子（如鋰）對外層電子抓得那麼緊。結

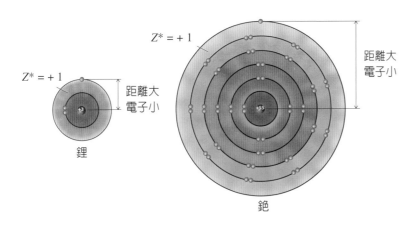

$Z^* = +1$

距離大
電子小

鋰

$Z^* = +1$

距離大
電子小

銫

◁ 圖 5.31
鋰原子與銫原子的最外層電子，感受到的有效核電荷都是＋1。然而，銫的最外層電子因為距離原子核較遠，並沒有被原子核抓得很緊。

果是，要從銫原子移除外層電子所需的能量，僅是從鋰原子移走其外層電子能量的一半。

週期表中從左到右，有效核電荷增加的效果，加上從上到下，殼層數目漸增，產生的**趨勢**是：右上角的原子比左下角的原子，更有能力抓住電子。結果反映在圖 5.32 的**游離能**上，游離能就是電子脫離原子核所需的能量。游離能愈大，原子核對最外層電子的吸引力愈大。

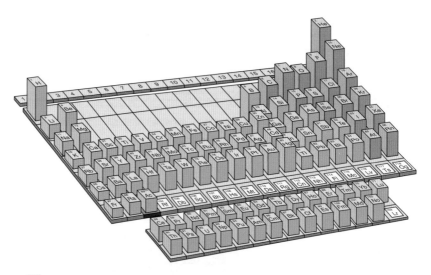

🔼 圖 5.32

游離能的趨勢。用高度表示原子核對最外層電子的吸引力。注意，右上角原子的游離能最大，左下角的最小。

觀念檢驗站

Q

鍅原子（Fr）與氦原子（He），哪一個要脫去最外層電子較容易？

你答對了嗎？

A

鍅原子（Fr）比氦原子（He）容易。因為鍅原子的原子核對外層電子抓得沒有那麼緊，這是由於原子核與外層電子中間，受到很多層電子的遮蔽。

　　原子核抓住原子的最外層電子的強度，是決定原子化學性質的一項重要因素。當一原子掌握它最外層電子能力很弱的時候，如果碰到另一個原子拉住最外層電子能力很強的時候，你預期會發生什麼狀況？我們將在第 6 章發掘，拉得愈緊的原子也許會從另外一個原子竊取一個或多個電子，或者這兩個原子會共享電子。

■

想一想,再前進

在本章中,我們仔細探討了原子模型。我們討論電子如何環繞原子核,不像行星繞太陽的軌道那麼乾脆,電子有波的本質,會在空間振動出相當的體積,稱為「原子軌域」。還有,能量相近的原子軌域群集後用「殼層」來代表。不要太以字面來看殼層兩字,殼層只是代表空間的一個區域,我們最可能在這個空間中發現到相似能量的電子。

要記住,這些模型並不是真正的原子物理的結構,模型只是一種工具,幫助我們瞭解、描述元素在不同狀況中的行為。因此,這些模型是化學的基礎,也是用來多瞭解我們周遭原子與分子的關鍵。

關鍵名詞解釋

概念模型 conceptual model:用以代表一個系統,以幫助我們預測系統的表現。(5.1)

實體模型 physical model:以不同的規模具體呈現某種物體。(5.1)

波長 wavelength:兩波峰之間的距離。(5.2)

波頻 wave frequency:用以顯示波振動的快慢。頻率愈高,表示波的能量愈大。(5.2)

電磁光譜 electromagnetic spectrum:包括從無線電波到 γ 射線的所有電磁波。(5.2)

分光鏡 spectroscope:利用稜鏡或繞射光柵把光分成不同顏色組成的儀器。(5.2)

原子光譜 atomic spectrum:某元素的原子所發射的電磁輻射頻率

圖，可以視為該元素的「指紋」。（5.3）

量子假說 quantum hypothesis：假設光的能量含在量子這種不連續的包裹中。（5.4）

量子 quantum：一種小的不連續的光能包裹。（5.4）

光子 photon：形容光是單一量子的另一種名稱，這種稱呼是要強調光的粒子性。（5.4）

主量子數 principal quantum number：用來指示原子軌域上量子化的能階。（5.4）

機率雲 probability cloud：在不同時間下所畫出的電子分布圖，以顯示電子在某時間中出現於某定點的可能性。（5.5）

原子軌域 atomic orbital：原子中電子分布的區域，有90%的機會可在這些地方找到電子。（5.5）

能階圖 energy-level diagram：把原子軌域按照能階高低排好的圖。（5.6）

電子組態 electron configuration：電子在原子軌域上的排列。（5.6）

內殼層屏蔽 inner-shell shielding：內層電子使原子核的電荷較不易受外層電子影響的效應。（5.8）

有效核電荷 effective nuclear charge：原子核感受到的外層電子電荷，因內層電子的屏蔽效應而減少。（5.8）

游離能 ionization energy：把電子從原子移除所需的能量。（5.8）

延伸閱讀

1. 加莫夫（George Gamow）的《震撼物理三十年》（*Thirty Years That Shook Physics*. New York, Dover, 1985）：

描寫參與量子理論發展的人，以敘述量子理論發展的歷史。

2. 米爾本（G. J. Milburn）的《薛丁格的機器》（*Schrodinger's Machines*, New York, W. H. Freeman, 1997）：

我們瞭解量子理論後，可以帶來很多影響社會的發明，如電腦的基本元件電晶體，還有雷射，雜貨到音樂等的每一樣用品都可以用雷射掃瞄。本書提到一些更新與更奇妙的量子技術，我們預期在未來 50 年內會實現。

3. http://www.physics.purdue.edu/nanophys

這是美國普度大學奈米物理實驗室的網址，他們在研究非常、非常、非常小的東西。有很多漂亮的圖。

4. http://www.superstringtheory.com

如果你認為電子的性質很怪異，就到這個網址來看一些參考資料，這些充滿潛力的革命性理論指出，粒子、力、空間與時間，只不過是不可思議的小弦的顯現，而這個小弦存在於 11 維的空間裡。

第**5**章　　觀念考驗

關鍵名詞與定義配對

原子軌域	光子
原子光譜	實體模型
概念模型	主量子數
有效核電荷	機率雲
電磁光譜	量子
電子組態	量子假說
能階圖	分光鏡
內殼層屏蔽	波頻
游離能	波長

1. _____：一種表示物體的方法，它以適當的比例代表物體。

2. _____：一種表示系統的方法，可以幫助我們預測系統的行為。

3. _____：兩個波峰之間的距離。

4. _____：波振動得有多快的度量。值愈高，表示波的能量愈大。

5. _____：波的完整範圍，從無線電波到 γ 射線。

6. _____：一種裝置，利用稜鏡或繞射光柵把光分開，顯現出它的組成顏色。

7. _____：從元素的原子放出的電磁輻射頻率模式，可以做為元素的指紋。

8. _____：一種說法，表示光的能量包含在不連續的稱為量子的小包裹中。

9. _____：光的不連續的能量小包。

10. _____：光的單一量子的另一種用詞，用來強調光有粒子性。

11. _____：一種整數，標出原子軌域的量子化能階。

12. _____：一種模式，畫出電子位置與時間的關係，顯示在特定時間時，電子最可能出現的位置。

13. _____：空間的一個區域，原子的電子有 90% 的機會出現在那裡。

14. _____：一種圖示，以能階來排原子軌域。

15. _____：電子在原子軌域上的配置。

16. _____：這種趨勢使內殼層電子屏蔽了核電荷對外層電子的影響。

17. _____：核電荷受到內殼層電子的屏蔽，降低了對外層電子的影響。

18. _____：從原子移除一個電子所需的能量。

■ 分節進擊

5.1 模型讓我們看見不可見的原子世界

1. 如果棒球的大小有如地球，那麼棒球裡的原子有多大？

2. 使用掃描穿隧式顯微鏡，可以直接看到原子，還只是間接看到？

3. 為什麼用可見光看不到原子？

4. 實體模型與概念模型有什麼不同？

5. 原子模型的功能是什麼？

5.2 光是一種能量

6. 可見光構成了電磁波的大部分，還是只占電磁波的一小部分？

7. 為什麼紫外光比起可見光，更會傷害我們的皮膚？

8. 光的頻率增加，能量會如何？

9. 分光鏡能對原子發出的光做些什麼？

5.3 用原子發的光來鑑別原子

10. 是什麼使原子放出光？
11. 為什麼我們說原子光譜像是元素的指紋？
12. 芮得柏發現了氫原子光譜的哪種特性？

5.4 波耳用量子假說解釋原子光譜

13. 何謂蒲郎克的量子假說？
14. 哪一個有較大的位能：愈靠近原子核還是愈遠離原子核的電子？
15. 電子吸收光子後會怎樣？
16. 原子放射出的光，與原子內電子的能量，兩者有何關係？
17. 波耳認為他的行星模型能精確代表原子嗎？

5.5 電子的波動性質

18. 電子環繞原子核的速率有多快？
19. 電子的速率如何改變它的基本性質？
20. 誰導出方程式來說明電子波的強度，與電子最可能出現地點之間的關係？
21. 原子軌域與機率雲有什麼相似處？

5.6 用能階解釋電子如何填滿軌域

22. 一個軌域可以容納多少個電子？
23. $2p$ 軌域有多少個，可容納的電子總數有多少？
24. 電子組態是 $1s^2 2s^2 2p^6$ 的，是什麼原子？
25. 在原子中，哪一些電子對原子的物理及化學性質最有影響力？

26. 使用縮寫記號，寫出鍶（Sr，原子序 38）的電子組態？

5.7 能量接近的軌域群集成殼層

27. 同一殼層的軌域有什麼共通處？

28. 既然本書所示的殼層模型並不很真確，那為什麼還要提出來？

29. 第三殼層有多少軌域？

30. 元素的原子殼層數目，與它在週期表上所在的列有何關係？

31. 每一個殼層可以容納的最多電子數，與週期表中每一週期的元素數目有何關係？

5.8 週期表幫助我們預測元素的性質

32. 只由週期表來看，你怎麼知道氧分子（O，原子序 8）比氮分子（N，原子序 7）小？

33. 碳原子（C，原子序 6）的原子核有電荷＋6，但碳的外層電子並沒有感受到這種電荷，為什麼？

34. 金原子（Au，原子序 79）中多少個殼層上有電子？

35. 根據週期表的原子大小的趨勢，鎝原子（Tc，原子序 43）與鉭原子（Ta，原子序 73）相比，哪一個比較大？

36. 氟原子（F，原子序 9）的最外層電子，有效核電荷是多少？硫原子（S，原子序 16）最外層電子的有效電荷又是多少？

37. 為什麼氟失去一個電子，要比硫失去一個電子來得困難？

高手升級

1. 使用掃描穿隧式顯微鏡（STM）技術，我們還是不能真正看到原子，看到的只是它們的影像。請解釋。

2. 為什麼 STM 不能造出原子內的影像？

3. 你是用實體模型或是概念模型來描述下列的東西：頭腦、思想、太陽系、宇宙的誕生、陌生人、最好的朋友、金幣、鈔票、汽車引擎、病毒、性病的傳染？

4. 如何區別鈉蒸氣燈與汞蒸氣燈？

5. 氫原子只有一個電子，為什麼可產生那麼多條光譜線？

6. 假定某個原子有四個能階，又假設各能階的躍遷都是可能的，那麼這個原子可以有多少條光譜線？哪一個躍遷相當於最高能的量光放射？而哪一個相對於最低能量的光放射？

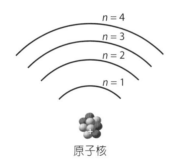

原子核

7. 電子從原子的第四能階掉落到第三能階，再到第一能階，放射出兩種頻率的光。它們的合併能量與單獨頻率的能量（就是從第四能階直接掉到第一能階）比較起來有何差異？

8. 圖 5.14 顯示三個能階的轉換，在分光儀上產生了三個光譜線。圖上 $n = 1$ 與 $n = 2$ 的間距，大於 $n = 2$ 與 $n = 3$ 的間距。如果這些能階的間距相等的話，會影響光譜線的數目嗎？

9. 電子躍遷的能量較大時，產生的光是哪一種顏色：紅的還是藍的？

10. 電子環繞原子核的波動模型，如何解釋電子只能有不連續的能量值？

11. 如果原子的電子不局限在特定的能階中，原子光譜看起來會是什麼樣子？

12. 電子如何從一個 p 軌域的葉片跑到另一個葉片上？

13. 電子從較高能量的軌域躍遷到較低能量的軌域時，會放出光，這種躍遷要花多少時間？在哪一個時間點可以發現電子在兩軌域之間？

14. 爲什麼 s 軌域只有一種空間的位向？

15. 電子比較可能在 p 軌域的哪一個葉片上？

16. 填入這個三能階圖。爲什麼這三個元素的化學性質這麼相似？

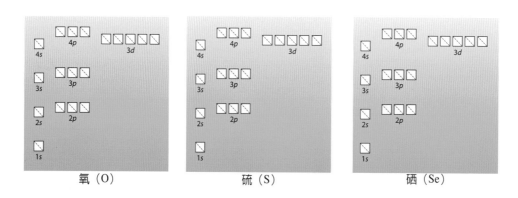

17. 哪個情況下碳原子會含有較大的能量？是左邊的電子組態，還是右邊的組態？

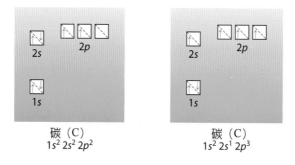

18. 寫出鈾（U，原子序 92）的電子組態，用縮寫的符號。

19. 列出最高與最低能量的氟電子組態。

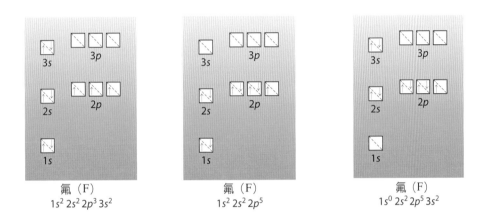

氟（F）
$1s^2\,2s^2\,2p^3\,3s^2$

氟（F）
$1s^2\,2s^2\,2p^5$

氟（F）
$1s^0\,2s^2\,2p^5\,3s^2$

20. 第 18 族的惰性氣體，電子組態有何共通處？

21. 在每一個殼層擺上適當數目的電子。

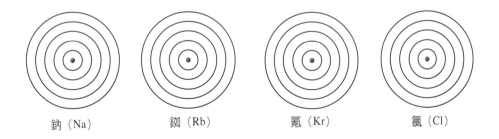

鈉（Na）　　　鉫（Rb）　　　氪（Kr）　　　氯（Cl）

22. 圖 5.24 中，如果七個層殼都填滿，那它所代表的是什麼元素？

23. 軌域或殼層是否要含有電子才能存在？

24. 為什麼在 7s 軌域中的電子，能量高於 1s 軌域中的電子？

25. 氖（Ne，原子序 10），有相當大的有效核電荷，但卻不能吸引更多的額外電子，為什麼？

26. 在氖最外殼層上的電子與鈉的最外殼層電子，哪一個具有較大的有效核電荷？為什麼？

27. 哪一種元素最外殼層上的電子，有最大的有效核電荷？

    a. 鈉（Na）

    b. 鉀（K）

    c. 銣（Rb）

    d. 銫（Cs）

    e. 以上的有效核電荷都一樣。

28. 下列的原子，按照原子的大小依次排列，鉈（Tl）、鍺（Ge）、錫（Sn）、磷（P）：

    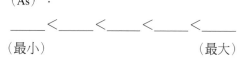

    _____ < _____ < _____ < _____ < _____

    （最小）　　　　　　　　　　（最大）

29. 下列的原子，按照游離能的大小依次排列，錫（Sn）、鉛（Pb）、磷（P）、砷（As）：

    _____ < _____ < _____ < _____ < _____

    （最小）　　　　　　　　　　（最大）

30. 下列的哪一種概念確立了其他的概念？游離能、有效核電荷、原子大小？

31. 從鉀原子中抽取一個電子是相當容易的，但是要移去第二個電子就非常困難。用殼層模型與有效核電荷的觀念來說明原因？

32. 週期表另一個相當吸引人的事情，是密度的趨勢，鋨（Os，原子序 76），是所有元素中密度最大的，除了某些例外之外，週期表中愈靠近鋨的元素，密度就愈大。

利用這種趨勢，把下列元素照密度漸增的傾向排列，銅（Cu）、金（Au）、鉑（Pt）與銀（Ag）：

_____＜_____＜_____＜_____＜_____

（密度最小）　　　　　　　　　　　（密度最大）

33. 下圖與圖 5.22 的能階圖有什麼相似處？ 使用它來解釋為什麼鎵原子（Ga，原子序 31）大於鋅原子（Zn，原子序 30）？

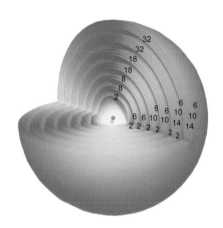

06

化學鍵結與
分子的形狀

這世界上只有一百多種原子，

但物質的種類卻有千萬種，

是各種原子間的相互結合，造成了複雜美妙的世界。

原子用適當的化學鍵結合，

產生了形狀各異且性質不同的分子，

知道了化學鍵的性質，我們才能一窺繽紛的分子世界，

進而瞭解我們所在的世界。

6.0 原子如何互相聯結

　　幾百萬年前，美國的大平原是海洋。海平面慢慢下降，北美洲大陸漸漸升起，許多海水坑形成了互相隔離的水域，稱為鹽水湖。經過一段時間，這些湖泊蒸發了，遺留下一些固體，這些固體本來是溶解在海水中的。其中最多的是氯化鈉，它們群集成立方體的結晶，礦物學家稱之為石鹽（halite）。當條件對的時候，石鹽晶體會長成數公分的大小。

　　為什麼石鹽晶體有這種特殊的形狀？我們在本章中會發現，物質的巨觀性質與把它們兜在一起的次顯微性質有關。例如，在石鹽中鈉與氯離子，結合時形成立方體，結果造就了我們看到的石鹽立方體。

　　相似的，由分子組成的物質，它的巨觀性質是根據分子裡原子如何兜在一起產生的。例如水的很多性質，與氫原子、氧原子結合成水分子的角度有關。因為有這種角度位向，分子的一邊會稍帶負電，另一邊稍帶正電。水分子中這種分離的電荷，使得水與油不能互溶，也使得水有較高的沸點。

　　把離子或原子緊緊相繫的吸引力是電力，這種電力發生在相反電荷粒子之間。化學家把這種「離子結合力」與「原子結合力」統稱為化學鍵。在這一章中，我們會講到兩種化學鍵：「離子鍵」與「共價鍵」。離子鍵把離子結合成晶體，共價鍵則把原子結合成分子。

6.1 原子模型解釋了原子如何鍵結

在第 5 章中，我們討論過電子如何環繞原子核。它不是像行星環繞太陽軌道般單純，電子有波的特性可以振動出不同體積的空間，稱為「殼層」。

如圖 5.24 所示，原子有七個層殼可讓電子填入，電子要從最裡層填到最外層，依序填入這些殼層。每一層最大的容量都有限制，第一殼層的電子數是 2，第二殼層與第三殼層都是 8。第四殼層與第五殼層各可容納 18 個電子，第六殼層與第七殼層則可容納 32 個電子（這些軌域的殼層以相似的能階分群，而不是按主量子數來分群。）。這些數目與週期表中每一週期的元素數目（橫列）一致。圖 6.1 顯示這種模型如何用在第 18 族的前四個元素。

原子最外層的電子，對原子形成化學鍵的能力等化學性質，有很大的影響。為了顯示它們的重要性，所以稱它們為**價電子**（valence electron，valence 引自拉丁文 *valentia*，意思是「強度」），而價電子占據的殼層叫做**價殼層**。可以在原子符號周圍用一系列的點來代表價電子。這種記號稱為**電子點結構**，也稱「路易士點符號」（Lewis dot symbol），用以紀念美國化學家路易士（Gilbert N. Lewis, 1875-1946），他是第一位提出價電子與殼層觀念的人（見第 75 頁圖 6.3）。

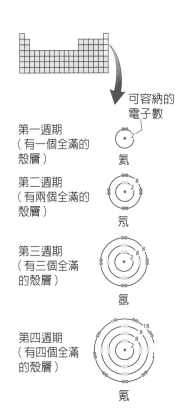

可容納的
電子數

第一週期
（有一個全滿的
殼層）
氦

第二週期
（有兩個全滿的
殼層）
氖

第三週期
（有三個全滿
的殼層）
氬

第四週期
（有四個全滿
的殼層）
氪

⌂ 圖 6.1
圖中顯示的是從氦到氪的第 18 族元素中，有電子占據的殼層。這些元素的最外殼層都填滿了電子。
每一個最外殼層的電子數目，相當於第 18 族中，各元素所在週期的元素數目。

圖 6.2 畫出了在討論離子鍵與共價鍵時，重要原子的電子點結構（第 3 到第 12 族元素的原子會形成「金屬鍵」，我們會在《觀念化學 5》第 18 章介紹）。

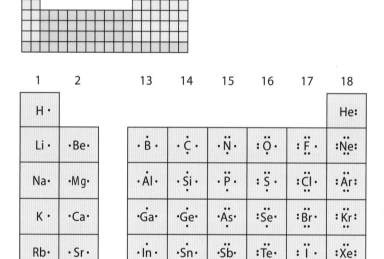

▷ 圖6.2
用電子點結構來表示原子的價電子。提醒你注意，與圖 5.25 一樣，這裡顯示的也是前三個週期。而且要注意，對較大的原子而言，在價殼層的電子並不都是價電子。例如圖 6.1 顯示氪（kr）的價殼層中有 18 個電子，但在這裡看到它只有 8 個價電子。

你看到原子的電子點結構時，立刻會得到元素的兩樣重要訊息。你會知道它有多少個價電子，以及這些價電子中有多少個是成對的。例如，氯有三對成對的電子與一個未成對的電子。碳有四個未成對的電子：

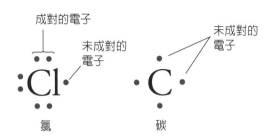

成對的電子

未成對的
電子

未成對的
電子

:Cl·   ·C·

氯   碳

成對的價電子相當穩定。換句話說，它們通常不會與其他的原子形成化學鍵。在電子點結構中，成對電子稱為**非鍵結電子對**。（不過，不要太死守字面上的意思，因為在《觀念化學3》的第10章，你會看到，在適當的條件下，甚至「非鍵結」電子對也會形成化學鍵）。我們會在第 6.5 節中討論，分子如果有非鍵結電子對，它對分子的形狀會有相當的影響力。

至於未成對的電子，則會有很強的趨勢要參與化學鍵的形成。因此它們會與另一個原子的電子配對。本章中討論的化學鍵，都是由未成對的價電子間，互相共享或移轉電子而形成的。

觀念檢驗站

價電子位於哪裡？它們為什麼很重要？

你答對了嗎？

價電子位在原子的最外殼層。它們是決定原子化學性質的主角，所以很重要。

圖6.3
路易士在1916年發表的化學鍵結理論，革新了化學。他的大半生都在美國加州柏克萊大學的化學系服務，路易士不僅是多產的研究者，也是優秀的教師。他的創新教育理念，是用問題帶出課程內容，並讓學生多閱讀。

6.2 原子可以失去或獲得電子成為離子

電子帶負電荷,所以獲得電子就會變成負離子。

失去電子,就會變成正離子。

原子的原子核中,質子數目等於原子的電子數目時,電荷就達到平衡,此時原子為電中性。原子如果像圖 6.4 與圖 6.5 顯示的,失去或獲得一個或多個電子,就失去了平衡,原子就有淨電荷。有淨電荷的原子稱為**離子**。原子如果是失去電子,使得質子比電子多,那麼產生的離子,淨電荷是正的;如果是獲得電子,電子比質子多,那麼離子的淨電荷就是負的。

化學家在原子符號的右邊用上標表示離子電荷的符號與數目。因此,如圖 6.4 與圖 6.5 所示,鈉原子形成的正離子寫成 Na^{1+},氟原子形成的負離子就寫成 F^{1-}。如果是表示電荷 1＋或 1－時,數字 1 都會省略,所以這兩個離子通常寫成 Na^+ 與 F^-。

再舉兩個例子,鈣原子失去兩個電子寫成 Ca^{2+},氧原子得到兩個電子就成為 O^{2-}。(注意,一般是把數字寫在正負符號的前面,而不是後面,也就是寫成 2＋,而不是＋2)。

我們可以用殼層模型導出原子傾向形成的離子種類。根據這種模型:「原子失去或獲得電子,是要使最外殼層占滿電子,達到最大容量。」先花一點時間思考這一點,再用圖 6.4 與圖 6.5,來幫忙理解。

如果原子的價殼層中,只有一個或幾個電子,原子就易於失去這些電子,而價殼層的下一層(填滿了電子),就成為全滿的最外層。如圖 6.4 所示,鈉原子的價殼層是第 3 層,上面有一個電子在。鈉原子在形成離子時,會失去這個電子,使全滿的第 2 層成為最外層。鈉原子只有一個價電子可失去,所以會形成 1＋的離子。

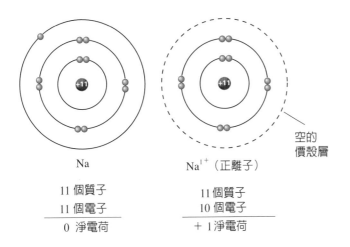

Na

11 個質子
11 個電子
―――――――
0 淨電荷

Na^{1+}（正離子）

空的
價殼層

11 個質子
10 個電子
―――――――
＋ 1 淨電荷

◁ 圖6.4
電中性的鈉原子，有 11 個帶負
電荷的電子環繞著原子核，原子
核中有 11 個帶正電荷的質子。
鈉原子失去一個電子後，就會成
為正離子。

如果原子的價殼層幾乎快讓電子占滿了，那麼這個原子就會把
別的原子的電子吸引過來，形成負離子。例如，圖 6.5 的氟原子，價
殼層中還有一個空位可以安置電子。多加入一個電子後，氟原子的
價殼層就填滿了，所以會形成 1 －的離子。

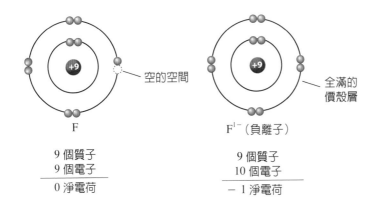

F

9 個質子
9 個電子
―――――――
0 淨電荷

空的空間

F^{1-}（負離子）

全滿的
價殼層

9 個質子
10 個電子
―――――――
－ 1 淨電荷

◁ 圖6.5
電中性的氟原子含有 9 個質子與
9 個電子。氟原子獲得一個電子
時，會成為負離子。

在要判斷某一個原子會形成何種離子時，你可以用週期表來做快速的參考。如圖 6.6 所示，第 1 族元素的原子，都只有一個價電子，所以易形成 1＋的離子；第 17 族元素原子的價殼層上，都還有一個空位來容納另一個電子，所以易於形成 1－的離子。惰性氣體元素的原子，哪一種離子都不易形成，因為它們的價殼層已經全滿了。

觀念檢驗站

鎂原子（Mg）易形成何種離子？

你答對了嗎？

鎂原子（原子序 12）是第 2 族的元素，有兩個價電子可失去（參見圖 6.2），易形成 2＋的離子。

從第 5 章的討論與圖 6.6 所顯示的，週期表最左邊的元素，原子核對價電子的吸引力最弱；右邊的元素，原子核對價電子的吸引力最強。從週期表上鈉的位置來看，鈉只有一個價電子，且沒有受到很大的吸力抓住，所以易於失去一個電子。不過，鈉的原子核對第二層電子的吸引力卻強得多，也就是為什麼鈉原子很少失去第二個或兩個以上的電子。

在週期表的另一邊，氟的原子核把價電子抓得很牢，解釋了為什麼氟離子不易失去電子形成正離子，氟的原子核不僅把價電子牢牢的拉住，甚至還可以從別的原子「進口」一個電子過來。

一般會形成的離子	1+	2+											3+	4-	3-	2-	1-	0
	1																	18
	H	2											13	14	15	16	17	He
	Li	Be											B	C	N	O	F	Ne
	Na	Mg	3	4	5	6	7	8	9	10	11	12	Al	Si	P	S	Cl	Ar
	K	Ca	Sc	Ti	V	Cr	Mn	Fe	Co	Ni	Cu	Zn	Ga	Ge	As	Se	Br	Kr
	Rb	Sr	Y	Zr	Nb	Mo	Tc	Ru	Rh	Pd	Ag	Cd	In	Sn	Sb	Te	I	Xe
	Cs	Ba	La	Hf	Ta	W	Re	Os	Ir	Pt	Au	Hg	Tl	Pb	Bi	Po	At	Rn
	Fr	Ra	Ac	Rf	Db	Sg	Bh	Hs	Mt	Ds	Rg	Cn	Nh	Fl	Mc	Lv	Ts	Og

■ 價電子受到的原子核吸引力較弱；易於形成正離子
■ 價電子受到的原子核吸引力較強；易於形成負離子
■ 價電子受到的原子核吸引力較強，但價殼層已經全滿，無法形成離子

圖 6.6
週期表可做為判斷原子會形成何種離子的指引。

　　惰性氣體原子的原子核抓價電子的能力非常強，以致於電子很難脫身。惰性氣體的原子，價殼層上也沒有多餘的空間，所以沒辦法得到額外的電子。因此，惰性氣體哪一種離子都不會形成。

觀念檢驗站
Q　為什麼鎂易於形成 2＋ 的離子？

你答對了嗎？
A　鎂在週期表的左邊，這個元素的原子，抓住它的兩個價電子的力並不很強。詳情已經在第 5.8 節中用「內殼層屏蔽」的概念解釋過。現在你僅需要體認到，原子核並沒有把這些電子抓得很牢，所以易於失去這些電子，所以鎂容易形成 2＋ 離子。

殼層模型可以解釋第 1、第 2 及第 13 到第 18 族如何形成離子。但要解釋第 3 到第 12 族的過渡金屬或內過渡金屬時,這種模型卻太過簡化,以致於不太講得通。一般而言,這些金屬原子易形成正離子,但失去的電子數目各有不同,視情況而定。例如,鐵原子也許會失去兩個電子形成 Fe^{2+},或失去三個電子形成 Fe^{3+}。

分子可以形成離子

原子失去或獲得電子會形成離子。有趣的是,分子也可以變成離子,絕大部分的情形是失去或獲得質子(也就是氫離子H^+)。要記住,氫原子就是一個質子加上一個電子,因此氫離子(H^+)就是單純的質子。第 10 章會進一步討論的水分子(H_2O)獲得氫離子(H^+,質子),成為鋞離子(H_3O^+)的形態:

$$H - \overset{\displaystyle H}{O} \quad + \quad H^+ \quad \longrightarrow \quad H - \overset{+}{O} \overset{\displaystyle H}{\underset{\displaystyle H}{\vphantom{O}}}$$

水　　　　　　氫離子(質子)　　　　　鋞離子

同樣的,碳酸分子(H_2CO_3)可能會失去兩個質子,形成碳酸根離子(CO_3^{2-}):

$$H - O - \overset{\displaystyle O}{\underset{}{C}} - O - H \quad \longrightarrow \quad {}^- O - \overset{\displaystyle O}{\underset{}{C}} - O^- \quad + \quad 2\,H^+$$

碳酸　　　　　　　　　碳酸根離子　　　　氫離子(質子)

　　本章稍後會介紹這些反應如何發生，到現在你應該明白了鋞離子與碳酸根離子是**多原子離子**，也就是分子上帶有淨電荷。表 6.1 是一些常見的多原子離子。

表 6.1 常見的多原子離子	
名稱	式子
鋞離子	H_3O^+
銨離子	NH_4^+
碳酸氫根離子	HCO_3^-
醋酸根離子	$CH_3CO_2^-$
硝酸根離子	NO_3^-
氰離子	CN^-
氫氧根離子	OH^-
碳酸根離子	CO_3^{2-}
硫酸根離子	SO_4^{2-}
磷酸根離子	PO_4^{3-}

6.3　電子轉移造成了離子鍵

　　當易於失去電子的原子，與易於獲得電子的原子接觸時，就會造成電子的轉移，形成兩個電荷相反的離子。當鈉與氯結合時，情

況就是如此。如圖 6.7 所示，鈉原子失去一個電子，並把它給了氯原子，形成一個鈉正離子與一個氯負離子。兩個電荷相反的離子會互相吸引。兩個有相反電荷的離子，產生的靜電吸引力稱為**離子鍵**。

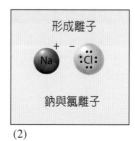

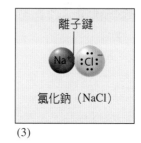

⌂ 圖6.7

（1）電中性的鈉原子把價電子給電中性的氯原子。

（2）這個電子的轉移產生了兩個電荷相反的離子。

（3）然後兩個離子因離子鍵而結合。

這裡及接下來的圖中，在電子點結構範圍內畫的球，表示原子與離子的相對大小。注意，鈉離子小於鈉原子，因為在形成離子時，原本在第三殼層的孤電子會離開，只剩下兩個全滿的殼層。氯離子大於氯原子，因為形成離子時會加入一個電子到第三殼層，產生的電子間相斥力，造成第三殼層的膨脹。

鈉離子與氯離子結合成的氯化鈉化合物，一般稱為食鹽。食鹽與所有包含離子的化合物一樣，都屬於**離子化合物**。離子化合物與化合物所含的元素，性質完全不同。如同《觀念化學 1》第 2.3 節討論的，氯化鈉不是鈉，也不是氯，是一堆鈉離子與氯離子共同形成的獨特物質，有自己的物理與化學性質。

觀念檢驗站

Q　從鈉原子把電子轉移到氯原子上，是物理變化還是化學變化？

你答對了嗎？

A　《觀念化學1》第 2 章說，只有化學變化才會形成新物質。把電子傳送給其他的原子，因為形成了新物質，所以是化學變化。

　　由圖 6.8 可以看出，組成離子化合物的元素，通常來自週期表兩個相反邊。這也就是週期表中金屬與非金屬的組織分布狀況。通常，金屬元素會形成正離子，非金屬元素形成負離子。

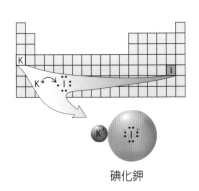

碘化鉀

(a)

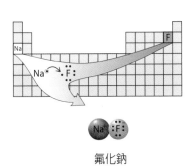

氟化鈉

(b)

◁ 圖6.8
(a) 鹽裡加入了少量的離子化合物碘化鉀（KI），因為碘化鉀中的碘離子（I⁻）是必須礦物質。(b) 公用供水系統中和牙膏中，常常加入離子化合物氟化鈉（NaF），因為氟化鈉是強化牙齒的氟離子（F⁻）的良好來源。

　　離子化合物中的正電荷必須與負電荷平衡。例如，在氯化鈉中，每一個氯離子（Cl^-），必須有一個鈉離子（Na^+）來對應。而帶多電荷的離子的化合物，電荷也要平衡。例如，鈣離子帶了 2 + 的電荷，但氟離子只帶 1 − 的電荷。每一個鈣離子要有兩個氟離子來平衡，所以氟化鈣的分子式是 CaF_2，如圖 6.9 所示。某些社區的飲用水中本來就存在有氟化鈣，能產生強化牙齒的氟離子。

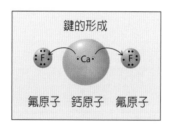
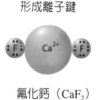

鍵的形成

氟原子　鈣原子　氟原子

形成離子鍵

氟化鈣（CaF_2）

螢石

圖 6.9

鈣原子失去兩個電子，形成鈣離子（Ca^{2+}）。這兩個電子也許會讓兩個氟原子撿起來，產生兩個氟離子。鈣離子與氟離子會結合成離子化合物氟化鈣（CaF_2），礦物螢石是天然的氟化鈣。

　　帶了 3 + 電荷的鋁離子與帶 2 − 電荷的氧離子，在一起就形成了（Al_2O_3），氧化鋁是紅寶石與藍寶石的主要成分。圖 6.10 顯示了氧化鋁的形成。Al_2O_3 的三個氧離子共帶有 6 − 的電荷，與兩個鋁離子的總電荷 6 + 達成平衡。有趣的是，紅寶石與藍寶石的顏色不同，是因為它們含的雜質不同。紅寶石會是紅的，是因為含有少量的鉻離子，藍寶石之所以是藍的，是因為含有少量的鐵與鈦離子。

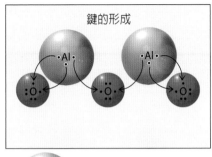

鍵的形成

形成離子鍵

氧化鋁（Al_2O_3）

 鋁原子　　　 氧原子

圖 6.10
兩個鋁原子共失去六個電子，形成兩個鋁離子（Al^{3+}）。這六個電子也許會讓三個氧原子撿起來，產成三個氧離子（O^{2-}）。鋁離子與氧離子的結合，會形成離子化合物氧化鋁（Al_2O_3）。

觀念檢驗站

Q　離子化合物氧化鎂的化學式是什麼？

你答對了嗎？

A　因為鎂屬於第 2 族元素，必須失去兩個電子才能形成鎂離子（Mg^{2+}）。氧是第 16 族的元素，氧要獲得兩個電子形成氧離子（O^{2-}）。這兩種電荷在一比一的比例下剛好平衡，所以氧化鎂的化學式便是 MgO。

　　離子化合物通常是一堆離子群集，形成高度規則的排列。例如在氯化鈉中，每一個鈉離子受六個氯離子包圍，每一個氯離子也受六個鈉離子包圍（圖 6.11）。整體而言，就是一個鈉離子配一個氯離子，但沒規定哪一個配哪一個。這種規則的離子排列稱為「離子晶體」（ionic crystal）。在原子階層，氯化鈉的晶體結構是立方體，所以巨觀的食鹽晶體也是立方體。如果用槌子敲碎大塊的立方體食鹽，你會得到什麼？得到的是小的氯化鈉立方體晶體！

　　同樣的，氟化鈣與氧化鋁等其他離子化合物的晶體結構，也是離子堆疊起來的結果。

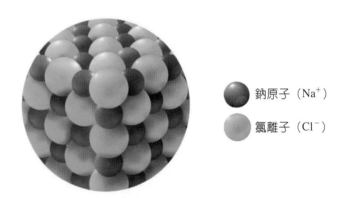

　　鈉原子（Na$^+$）

　　氯離子（Cl$^-$）

🏠 圖 6.11

氯化鈉及其他離子化合物形成的晶體，晶體內的每一個離子，都受相反電荷的離子包圍（為簡化起見，這裡只顯示一小部分。NaCl 晶體通常含有千百萬個離子）。

生活實驗室：近看晶體

用放大鏡看食鹽的晶體，如果有顯微鏡的話更好。如果要用顯微鏡，先把晶體用湯匙壓碎，檢查壓成的粉末。買一些不含鈉的鹽類，像是氯化鉀（KCl）等，也看看這些離子晶體的原狀及壓碎後的形狀。氯化鈉與氯化鉀都是立方晶體，但是兩者有很大的差別，為什麼會這樣？

⚘ 生活實驗室觀念解析

用放大鏡來看沒敲碎的晶體，你可能會注意到 NaCl 的邊緣有尖銳的稜角，而 KCl 的邊緣則是圓滑的。你可能還會感覺到 KCl 晶體比較容易磨成粉。有這種差別都是因為：鉀離子（K^-）大於鈉離子（Na^+）。

晶體中的正離子與負離子，因為是電荷相反的粒子，所以有互相吸引的電力。如同我們在第 5 章看到的，負離子的負電荷在原子核的外頭，分布在所有的電子上；不過正離子的正電荷，卻統統在原子核中。意思就是，如果化合物中的正離子較大的話，在化合物中，離子鍵的正、負電荷會相距較遠：

正、負電荷間的距
離比較短

正、負電荷間的
距離比較長

因為電力隨相反電荷間的距離增加而減弱，所以 KCl 的離子鍵比NaCl 的離子鍵要弱。因為 KCl 晶體的離子鍵較弱，遭受到衝擊或壓力時，較無抵抗力。所以你看到 KCl 有較圓滑的邊緣，且較容易研磨成粉。

鍵結強度的不同，也造成了這兩種物質其他物理性質的不同。譬如說，NaCl 的熔點是 $801^\circ\mathrm{C}$，KCl 的熔點卻是 $770^\circ\mathrm{C}$，兩者的沸點相差了 $31^\circ\mathrm{C}$，可以用固體變成液體的相變來解釋：固體要變成液體時，固體粒子必須先分離。KCl 因為有較弱的離子鍵，分子間比較容易分開，所以熔點較低。

6.4 共享電子造就共價鍵

設想有兩個小孩一起玩耍，共享玩具。小孩子會玩在一起，原因是共享的玩具對他們都有相同的吸引力。同樣的，兩個原子可以結合，是因為它們對共享的電子有相同的吸引力。例如，氟原子會強烈吸引一個額外的電子，來填滿它的最外層殼層。如圖 6.12 所示，氟原子可以與另一個氟原子結合，因為它從另一個氟原子得到一個未成對的額外價電子。結果是兩個氟原子共同受相同的兩個電子吸引。原子以共享電子的方式結合，形成的鍵結稱為**共價鍵**，代表它們「共」同享用「價」電子。

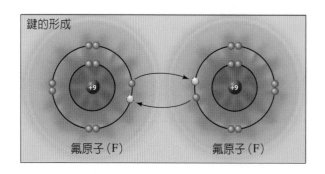

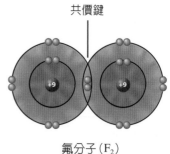

△ 圖6.12

氟原子核的正電荷影響力（紅色陰影區域），會超出原子最外層填有電子的殼層。氟原子因為有正電荷，所以會吸引旁邊氟原子上的未成對價電子。因為這兩個原子對共享的電子都有吸引力，因此兩個原子會結合成氟分子。如此一來，每一個氟原子的價殼層都填滿了。

　　原子間以共價鍵結合，產生的物質稱為**共價化合物**。大部分的共價化合物，基本單位是**分子**，現在我們可以正式的把分子定義為：因共價鍵結合的一群原子。圖 6.13 是用氟元素闡述這個分子定義。

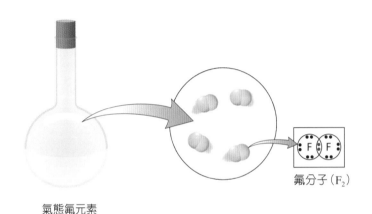

氣態氟元素

氟分子（F₂）

◁ 圖 6.13
氣態共價元素氟（F₂）的基本單位是分子。注意，這種氟分子的模型，球形會重疊，先前看到的離子化合物模型，球形並沒有重疊。這些圖示的差異是因為鍵結形態的不同。

　　化學家把共價化合物寫成電子點結構時，通常用直線來代表共價鍵中的兩個電子。在一些圖中，不會畫出未鍵結的電子對，這表示沒畫出來的電子，在反應過程中並不重要。這裡是兩種常用的氟分子表示法，不用球型來表示分子，而是用電子點結構的方法：

$$:\ddot{F}—\ddot{F}: \qquad F—F$$

　　請記住，這兩種圖示裡的直線都代表兩個電子，這兩個電子是由每一個原子各出一個得來的。我們現在有兩種描述電子對形式。「非鍵結電子對」（nonbonding pair）是指在點結構式中，存在於個別

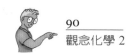

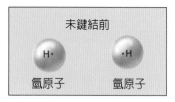

圖 6.14
當兩個氫原子共享未成對的電子時，會形成共價鍵。

原子中的電子對，而「鍵結電子對」（bonding pair）則指形成共價鍵的電子對。在非鍵結電子對中，兩個電子都來自同一個原子；而在鍵結電子對裡，參與鍵結的原子各出一個電子。

第 6.3 節介紹的離子鍵，是把一個「易失去電子」的原子跟一個「易獲得電子」的原子結合起來。共價鍵是把兩個「易於獲得電子」的原子相繫起來。因此，易於形成共價鍵的原子主要是非金屬元素，位於週期表的右上方（不包含惰性氣體元素，因為它們很穩定，不易形成鍵結）。

氫易於形成共價鍵，因為它對增加一個額外的電子，有很強的吸引力，這一點與其他的第 1 族元素不太一樣。例如，兩個氫原子會以共價鍵形成氫分子（H_2），如圖 6.14 所示。

原子可以形成的共價鍵數目，等於它可以吸引的額外電子的數目，也就是填滿價殼層所需的電子數目。氫只能吸引一個額外的電子，所以只能形成一個共價鍵。而氧可以吸引兩個額外的電子，所以遇到兩個氫原子時，會從中各找一個電子，進行反應，形成了水（H_2O），如圖 6.15 所示。

圖 6.15
氧的兩個未成對價電子會與兩個氫原子的未成對價電子配對，形成共價化合物：水。

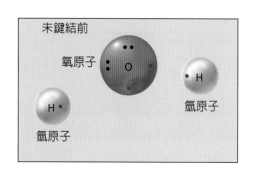

水分子（H_2O）

　　對於水，氧原子不只用共價鍵接連來自兩個氫原子的兩個電子，每一個氫原子也會因與氧鍵結，而接觸到一個額外的電子。因此水分子中的每一個原子，價殼層都填滿了。

　　氮吸引三個額外的電子，可以形成三個共價鍵，就像圖 6.16 的氨（NH_3）一樣。同樣的，碳原子可以吸引另外的四個電子，形成四個共價鍵，情況如同甲烷（CH_4）所示。注意，這些及其他非金屬元素形成的共價鍵數目，與它們易形成負離子的價數是相當的（參見圖 6.6）。這是有道理的，因為共價鍵的形成與負離子的形成，概念都相同：非金屬原子會傾向獲得電子，直到價殼層上填滿電子為止。

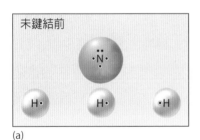

(a)

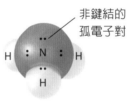

非鍵結的
孤電子對

氨分子（NH_3）

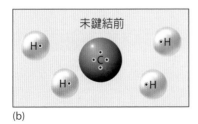

(b)

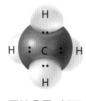

甲烷分子（CH_4）

◁ 圖6.16
(a) 氮原子從三個氫原子上吸引三個電子，形成氨（NH_3）。那是一種氣體可以溶解在水裡而做為有效的清潔劑。(b) 碳原子從四個氫原子上，吸引四個電子成為甲烷（CH_4）。甲烷是天然氣的主要成分。這些分子及大部分以共價鍵形成的分子，都會使參與的原子，價殼層都填滿。

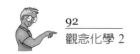
鑽石是最不尋常的共價元素，由碳向四個方向以共價鍵結互相結合，形成了「共價晶體」（covalent crystal），如圖 6.17 所示。共價晶體是原子以共價鍵鍵結，形成的高度規則三維網狀體。碳原子形成的這種網狀結構強而堅硬，所以鑽石才會如此的硬。還有，因為鑽石是靠共價鍵結合的一群原子，所以可說是一個單一分子！跟大部分的其他分子都不同，鑽石分子大得可以用肉眼來看到，所以也可稱之為巨分子（macromolecule）。

◀ 圖6.17
鑽石晶體結構的共價鍵，用球—棍模型來表現是最好的。鑽石的分子天性，使它有不平凡的性質，如堅硬異常等等。

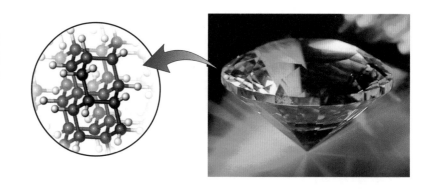

觀念檢驗站

一個共價鍵要由多少個電子來形成？

你答對了嗎？

兩個，由參與的兩個原子各出一個。

　　兩個原子也可能共享兩個以上的電子，圖 6.18 舉出了幾個例子，我們所呼吸的氧分子（O_2）含有兩個氧原子，這兩個氧分子以四個共享的電子連接，稱為共價雙鍵（double covalent bond），或簡稱為雙鍵。另一個共價化合物的例子，是我們所呼出的二氧化碳（CO_2），二氧化碳的中間原子是碳，碳原子上有兩個雙鍵分別連接兩個氧原子。

　　有一些原子可以形成共價參鍵（triple covalent bond），共享有六個電子，每一個原子獻出三個電子，氮分子就是如此。我們周圍的空氣有 78% 是氣態氮分子。雙鍵或參鍵的共價鍵，通常稱為多價共價鍵。高於三價的共價鍵，如四價共價鍵，並不常見。

氧（O_2）　　二氧化碳（CO_2）　　氮（N_2）

◁ 圖6.18
共價雙鍵的氧（O_2）與二氧化碳（CO_2），共價參鍵的氮（N_2）。

6.5　價電子決定分子的形狀

　　分子是三維的個體，所以最好用三維來想像。我們可以把二維的電子點結構，轉變成更精確的三維表現法來代表分子，也就是用所謂的**價殼層電子對互斥模型**，也稱為 VSEPR。根據這個模型，在

價殼層上的電子對之間，會盡量互相避開得愈遠愈好，不管是非鍵結電子對與鍵結電子對，或雙鍵與三鍵中成對的鍵結電子對，都是如此。

值得注意的是，VSEPR 模型談的是電子對之間的互斥力，而不是同一個電子對中兩個電子的互斥力（以前曾談到，一對電子對中的兩個電子，會在一起是因為它們有相反的自旋）。電子對之間盡量互相避開愈遠愈好的這種趨勢，決定了分子的幾何結構。

甲烷（CH_4）的二維電子點結構是：

$$
\begin{array}{c}
\text{H} \\
| \quad _{\searrow 90°} \\
\text{H} - \text{C} - \text{H} \\
| \\
\text{H}
\end{array}
$$

在這個結構中，鍵結的電子對（以直線代表，每一個原子各出一個電子）互相離開 90 度，從這個二維圖也可以看出，這樣它們會離得最遠。不過，我們如果把它伸展到三維中，可以更精確，使四個價鍵對互相離開 109.5 度：

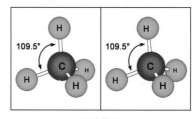

立體影像

　　上一頁的頁末畫的是甲烷的兩種立體影像，你用雙眼凝視，讓兩個影像重疊起來，可以看出甲烷的三維結構。你也可以把這種三維結構想成這樣：中間的碳原子從頭部伸出一個氫原子，碳原子的下方有三角架支撐，三角架的三隻腳是三個C－H鍵。

　　在這個 CH_4 的立體影像中，可以看出四個氫原子構成了四個三角形（有一個三角形是底部，另外三個構成直立的面），你可以看出甲烷分子是金字塔的形狀：有一個三角形的底支撐其他三個三角形，這三個三角形在頂點會合。在幾何學中，有三角形底的金字塔叫做四面體，所以化學家稱甲烷為四面體結構的分子：

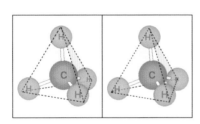

四面體甲烷分子的立體影像

　　VSEPR 模型讓我們用電子點結構，預測出簡單分子的幾何形狀，方法是用環繞中間原子的取代基數目，確定分子的幾何結構。**取代基**是圍繞某一個中間原子的原子或非鍵結電子對。例如，甲烷分子的碳有四個取代基（四個氫原子）。水分子的氧原子也有四個取代基（兩個氫原子與兩對非鍵結的電子對）：

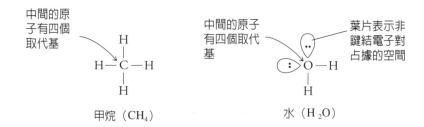

中間的原子有四個取代基

甲烷（CH₄）

中間的原子有四個取代基

葉片表示非鍵結電子對占據的空間

水（H₂O）

　　如表 6.2 所示，當中心原子僅有兩個取代基時，分子是線性的，可用一直線串起中心原子與兩個取代基原子；當有三個取代基時，三個取代基構成三角形的平面，中心原子位於平面上，分子呈平面三角形；有四個取代基時就形成四面體，這個前面已講過。有五個取代基時，形成三角雙錐的形狀。它的結構是兩個四面體共用底部，且兩個頂點指向相反的方向。六個取代基的分子，如果外型明顯的話，會顯示八個面，形成八面體。

　　為什麼有這些幾何形狀？簡單的說，這些形狀會使取代基之間有最大的距離。

觀念檢驗站

二氧化碳（CO₂）的兩個氧原子，為什麼分開成 180 度？

表6.2　分子的幾何形狀

取代基的數目	三維幾何形狀	例子		
2	線性 (180°)	H—Be—H BeH₂	O=C=O CO₂	H—C≡N HCN
3	平面三角 (120°)	H—B(—H)—H BH₃	H₂CO	GeCl₂
4	四面體 (109.5°)	CH₄	NH₃	H₂O
5	三角雙錐 (90°, 120°)	PF₅	SF₄	XeF₂
6	八面體 (90°, 90°)	SF₆	BrF₅	XeF₄

你答對了嗎？

如果兩個氧原子是在碳原子的同一邊，鍵結電子會
靠得太近：

CO_2 的不正確幾何結構

因為電子對會互斥，所以這不是穩定的狀況。氧原
子應該在相反的方向，兩個雙鍵的鍵結電子對才能
盡量分開，也就是在碳原子的相反邊，相距 180
度，如表 6.2 所示。

取代基的位置，決定了分子的形狀

現在你已學到如何利用 VSEPR 來判定分子的「幾
何形狀」，你也已經準備好來看化學家如何想出「分子形狀」。你會問，這兩者有
什麼不一樣？不同就在於：化學家講到分子幾何時，所談的是分子
中，中心原子與周圍每一樣東西的相對位置，包括了原子與未鍵結
的電子對。而化學家所講的分子形狀，僅是分子中，中心原子與周
圍原子的相對位置。

要判定分子的形狀有兩個步驟：第一步是使用 VSEPR 把所有的
取代基定位，包括環繞中心原子的原子與非鍵結電子對。第二步是
「凍結」所有原子的相位，保持形狀不變，並移除所有非鍵結電子
對，再判定原子的三維形狀。我們從表 6.2 選幾個例子來看。

　　如果分子的中心原子上沒有非鍵結電子對環繞時，分子形狀與分子幾何是一樣的。因此，使用表 6.2 的例子，三個有兩個取代基的分子，分子幾何與分子結構都是線形的。BH_3 與 H_2CO 都是平面三角形，CH_4 為四面體，PF_5 為三角雙錐，SF_6 則為八面體。

　　再來，以氯化鍺（$GeCl_2$）為例，來看分子有非鍵結電子對的情形。氯化鍺有一對非鍵結電子對，分子幾何是平面三角形，但要判定氯化鍺的形狀時，是不看非鍵結電子對的。結果看到鍺原子與兩個氯原子相接，並以某個角度分開，分子形狀是彎曲形。同樣的，不看水分子的兩對非鍵結電子對，它的三個原子也顯示為彎曲形。現在你知道為什麼畫水分子時，兩個氫原子總是像一對老鼠耳朵似的互相靠近，而不是分別在氧原子的相對方向，因為氧原子上的兩對非鍵結電子對，把氫原子壓成這個角度。

　　表 6.2 中的氨分子（NH_3）是四面體，但忽略非鍵結電子對時，形狀變成三角錐體。表 6.2 其餘的分子，如果忽略了非鍵結電子對，就能顯現出它們的分子形狀，如圖 6.19 所示。

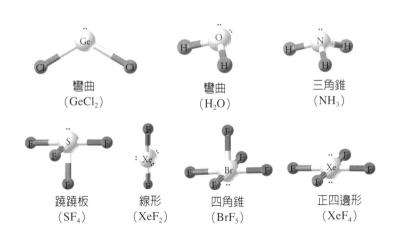

彎曲
（$GeCl_2$）

彎曲
（H_2O）

三角錐
（NH_3）

蹺蹺板
（SF_4）

線形
（XeF_2）

四角錐
（BrF_5）

正四邊形
（XeF_4）

圖6.19
表 6.2 中的分子的形狀。

 生活實驗室：軟糖分子

用牙籤與不同顏色的軟糖做出圖 6.19 所示的分子模型，以不同顏色的軟糖代表不同的元素。

熟練如何建構這些模型後，試著建構二氟甲烷（CH_2F_2）、乙烷（C_2H_6）、過氧化氫（H_2O_2）與乙炔（C_2H_2）。要記住，每一個碳原子一定要有四個共價鍵，每一個氧要有兩個，而氟原子與氫原子則僅能各有一個共價鍵。

不要偷看下面的生活實驗室觀念解析，要先誠實的建構出模型，再對答案。

生活實驗室觀念解析

你做的分子模型應該像這樣：

二氟甲烷，四面體

乙烷，兩個四面體

過氧化氫，兩個
彎曲分子相接

$$H-C\equiv C-H$$

乙炔，直線

觀念檢驗站

Q

三氟化氯分子（ClF_3）的幾何形狀是三角雙錐，分子形狀爲何？

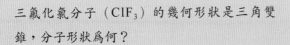

你答對了嗎？

A

忽略三氟化氯的兩個非鍵結電子對，會看到四個原子都在同一個平面上，形成三角形，三個頂角是氟原子，氯原子則位於一邊的中點。

你要怎麼稱呼這種形狀都可以，不過大部分的化學家稱它爲 T 形。由表 6.2 的分子幾何還可導出更多的形狀，你發現了多少種？如何命名它們？如果你想多知道一點，就去請教你的化學老師吧。

6.6 不均勻的電子共享，造成了極性共價鍵

如果構成共價鍵的兩個原子是一樣的，此時原子核有相同的正電荷，所以電子是平均共享的。我們在畫出電子時有兩種方法，一種是用電子點結構，在兩個原子符號的正中間畫出這些電子；另一種畫法是用機率雲（第 5.5 節）表現，用一連串的點代表兩個鍵結點的時間位置分布，在此分布中，電子出現機率最大的地方，點最密集。

$$H : H \qquad H \quad H$$

構成共價鍵的兩個原子如果不相同，這兩個原子核的電荷就不同，會造成鍵結電子分布不均勻。氫－氟鍵結就是這種情形，氟的原子核電荷較大，電子會給拉向氟原子。

$$H : F \qquad H \quad F$$

鍵結電子花比較多的時間環繞在氟原子周圍，因此在氟這一邊的鍵結稍具負電性，而鍵結電子距氫原子稍微遠一點，使得氫那一端的鍵結稍帶正電性。這種電荷的分離稱為**偶極**，分別用 $\delta-$ 代表「稍帶負電性」以及用 $\delta+$ 代表「稍帶正電性」，或用帶正號的箭頭從鍵結的正電性端指向負電性端：

$$\overset{\delta+}{\mathrm{H}}-\overset{\delta-}{\mathrm{F}} \qquad \overset{\longleftarrow\!\!\!\!+}{\mathrm{H}-\mathrm{F}}$$

因此，化學鍵形成時，也進行了一場電子拉鋸戰。原子拉住電子的能力稱爲**電負度**，可以實際量測並且定量。圖 6.20 顯示，電負度的範圍自 0.7 到 3.98。原子的電負度愈大，在鍵結時把電子拉向自己這邊的能力愈大。在氟化氫的例子中，氟的電負度較大，所以拉電子的能力比氫要強。

在週期表中右上方的元素，電負度最大，左下方的元素電負度最小。惰性氣體的電負度不在討論範圍，因爲除了少數例外，它們並不參與鍵結。

共價鍵的兩個電子有相同的電負度時，不會形成偶極（如 H_2 的例子），產生的鍵結屬於**非極性鍵**。共價鍵的兩個電子電負度不同，才會形成偶極（如 HF 的情形），產生**極性鍵**。鍵的極性端看形成鍵結的兩個原子的電負度差別，差別愈大，鍵的極性就愈大。

H 2.2																	He —
Li 0.98	Be 1.57											B 2.04	C 2.55	N 3.04	O 3.44	F 3.98	Ne —
Na 0.93	Mg 1.31											Al 1.61	Si 1.9	P 2.19	S 2.58	Cl 3.16	Ar —
K 0.82	Ca 1.0	Sc 1.36	Ti 1.54	V 1.63	Cr 1.66	Mn 1.55	Fe 1.83	Co 1.88	Ni 1.91	Cu 1.90	Zn 1.65	Ga 1.81	Ge 2.01	As 2.18	Se 2.55	Br 2.96	Kr —
Rb 0.82	Sr 0.95	Y 1.22	Zr 1.33	Nb 1.6	Mo 2.16	Tc 1.9	Ru 2.2	Rh 2.28	Pd 2.20	Ag 1.93	Cd 1.69	In 1.78	Sn 1.96	Sb 2.05	Te 2.1	I 2.66	Xe —
Cs 0.79	Ba 0.89	La 1.10	Hf 1.3	Ta 1.5	W 2.36	Re 1.9	Os 2.2	Ir 2.20	Pt 2.8	Au 2.54	Hg 2.00	Tl 2.04	Pb 2.33	Bi 2.02	Po 2.0	At 2.2	Rn —
Fr 0.7	Ra 0.9	Ac 1.1	Rf —	Db —	Sg —	Bh —	Hs —	Mt —	Ds —	Rg —	Cn —	Nh —	Fl —	Mc —	Lv —	Ts —	Og —

圖 6.20
實驗量測出來的元素電負度。

　　從圖 6.20 可以看出，兩個原子在週期表中的距離愈遠，電負度的差別愈大，它們之間產生的鍵結，極性就愈強。化學家即使不查電負度，也可以預測哪一種鍵結比較具有極性。如何做呢？只要看產生鍵結的元素，在週期表上的相對位置就可以知道了：距離分開得愈遠，特別一個在左下方，一個是在右上方時，它們之間的鍵結極性就愈強。

觀念檢驗站

把下列這些鍵結按極性的大小排列：P－F、S－F、Ga－F、Ge－F。各元素的原子序：氟（F）為 9、磷（P）為 15、硫（S）為 16、鎵（Ga）為 31、鍺（Ge）為 32。

___＜___＜___＜___
(極性最小)　　　　　　(極性最大)

你答對了嗎？

如果你沒有偷瞄答案，自己試著解答這個問題，我在這兒要先為你拍手鼓勵一下。你是真正在學化學，而不只是在唸書而已。產生鍵結的兩個原子，電負度差異愈大時，鍵結的極性就愈大，所以極性大小的排列為：（小至大）S－F＜P－F＜Ge－F＜Ga－F。

注意，你不用計算它們的電負度差異，只要看看這些元素在週期表上的相對位置，就可得到答案。

　　鍵的極性大小，有時候用十字箭頭的長短或符號 $\delta-/\delta+$ 的大小來表示，如圖 6.21 所示。

　　注意，離子鍵裡的原子間電負度差，也可以計算出來。例如，NaCl 的鍵，電負度差為 2.23，遠比 C－F 的 1.43 大（圖 6.21）。

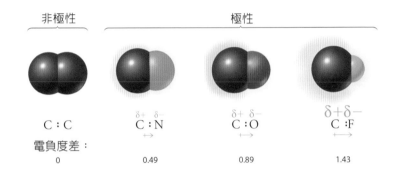

🏠 圖 6.21

這裡的排列，是由左到右依鍵結的極性從小排到大，$\delta+$ 與 $\delta-$ 符號愈來愈大，十字箭頭也一樣。在週期表中，這些鍵結元素對，哪一對的距離最遠？

　　在這裡要瞭解的是，原子會形成離子鍵或共價鍵，並不是非黑即白的斷然改變，而是隨鍵結原子在週期表上的距離漸漸改變。這可由次頁的圖 6.22 看出。構成鍵結的元素如果是分別位於週期表的左右兩邊，電負度差別最大，所產生的鍵結是高度極性的，換句話說，就是離子鍵。而同類型的非金屬原子有相同的電負度，所以它們組成的鍵是非極性的共價鍵。極性共價鍵不均勻的共享電子，原子會稍帶電荷，居於離子鍵與共價鍵兩種極端之間。

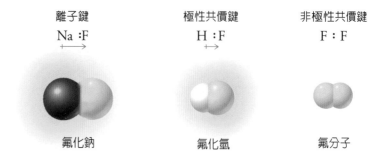

離子鍵	極性共價鍵	非極性共價鍵
Na :F	H :F	F : F

氟化鈉　　　　　　　氟化氫　　　　　　　氟分子

⌂ 圖 6.22

離子鍵與非極性共價鍵代表化學鍵的兩種極端。離子鍵含有一個或多個電子的移轉，非極性共價鍵則是平均共享電子。極性共價鍵的特性介於兩種極端之間。

6.7 電子不均勻分布，分子就有極性

　　如果分子的所有鍵結都是非極性的，這整個分子也會是非極性的，如 H_2、O_2 及 N_2 等都是這種情形。如果一個分子只包含兩個原子，而它們之間的鍵是極性的，這個分子的極性就與鍵的極性相同，HF、HCl 與 ClF 就是如此。

　　如果一個分子由兩個以上的原子組成，它的極性就變得較複雜了。如圖 6.23 所示的二氧化碳（CO_2），它的偶極是因為碳－氧鍵中，氧對鍵結電子有較大的拉力（因為氧的電負度比碳的大），但同時，在碳另一邊的氧原子，又把電子拉回碳旁邊。淨效益就是鍵結電子平均分布到整個分子上。碳原子上的兩個偶極強度相同，但方向相反，因此會互相抵銷，於是整個分子是非極性的。

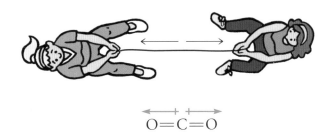

$$O = C = O$$

圖 6.24 顯示的三氟化硼，狀況也相似。三個氟原子圍繞中央的硼原子，彼此的角度為 120 度。因為相距的角度相同，也因為氟原子在硼－氟鍵上對電子的拉力都一樣，所以這個分子的淨極性是零。

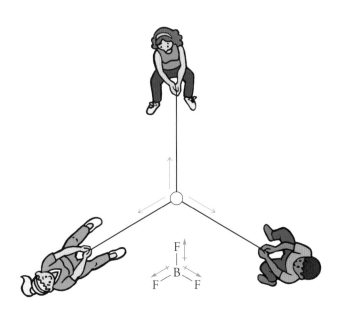

$$\overset{F}{\underset{F}{\underset{|}{B}}}\ F$$

　　非極性分子對於別的非極性分子，僅有相當弱的吸引力。例如
二氧化碳分子內的共價鍵，強度好幾倍於相鄰的二氧化碳分子間的
吸引力。非極性分子間缺少吸引力，解釋了為什麼很多非極性物質
的沸點相當低。回頭看看《觀念化學 1》的第 1.7 節，沸騰過程就
是，液體的分子間距離變大、進入氣相的過程。液態分子間如僅有
弱吸引力，只要加入少量的熱能，就可以使分子互相解放，進入氣
相。這說明了為什麼有些液體的沸點相當低，如圖 6.25 所示的氮，
就是個好例子。氫（H_2）、氧（O_2）、二氧化碳（CO_2）、三氟化硼
（BF_3），也是因為同樣的理由，所以沸點都相當的低。

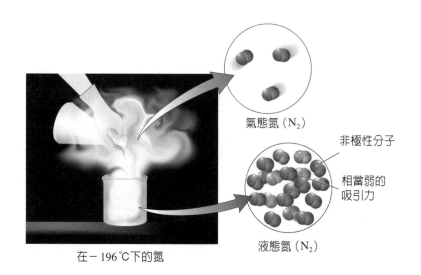

氣態氮（N_2）

非極性分子

相當弱的
吸引力

液態氮（N_2）

在 $-196\,^{\circ}C$ 下的氮

⌂ 圖 6.25
當溫度低於氮的沸點 $-196\,^{\circ}C$ 時，氮是液體。氮分子是非極性的，所以分子間的相
互吸引力並不大。所以，在 $-196\,^{\circ}C$ 時加入少量的熱能到液態氮裡，就可以使氮分
子間的距離變大，變成氣相。

　　分子中不同鍵結的偶極，在很多情形下並不能互相抵銷。再來看看圖 6.24 的拔河比喻，如果每一個人都盡同樣的力氣拔河，中央環就停在原處不動。不過，如果有一個人鬆開繩子，那麼拔河就不再能平衡，中央環開始遠離鬆手的人，如圖 6.26 所示。同樣，如果有一個人開始更用力拉，中央環就會遠離另外兩個人。

　　分子的極性共價鍵若不平衡且方向相反，也會發生相似的情形。最適切的例子就是水（H_2O）。每一個氫－氧共價鍵都有相當大的偶極力，因為氫與氧有很大的電負度差異。不過，因為分子形狀是彎曲的，所以兩個偶極（次頁圖 6.27 a 中顯示的藍色箭頭）並不會像圖 6.23 所示的CO偶極一樣互相抵銷。氫氧鍵的偶極會相加成

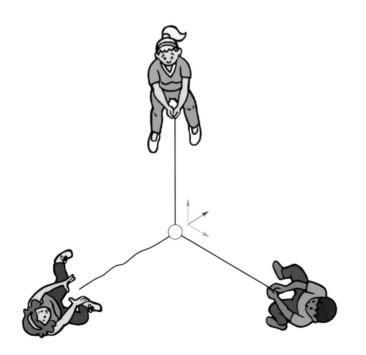

◀ 圖 6.26
在三向拔河中，如果有一個人鬆手，其他兩人還繼續拔河，中央環會移向紫色箭頭的方向。

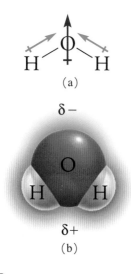

圖 6.27

(a)水分子裡的鍵,個別的偶極相加成整個分子的偶極,即所示的紫色偶極。(b) 氧原子周圍的區域因此會稍帶負電,兩個氫原子的附近區域會稍帶正電。

整個水分子的偶極,如圖 6.27 a所示的紫色箭頭。

觀念檢驗站

Q

下面兩個分子,哪一個是極性的,哪一個是非極性的?

H   F   H   F
 C=C   C=C
F   F   H   F

你答對了嗎?

A

「對稱」常常是判定極性的最大線索。因為左邊的分子是對稱的,兩邊的偶極會互相抵銷,所以這個分子是非極性的。

F   F   H   F
 C=C   δ+ C=C δ−
F   F   H   F

在右邊的分子較不對稱,所以是極性分子。因為碳的電負度比氫的大,所以兩個氫-碳鍵的偶極會指向碳。也因為氟的電負度比碳的大,所以碳-氟鍵的偶極會指向氟。因為淨偶極箭頭指向氟,鍵結電子的平均分布也一樣靠近氟,所以分子中靠近氟的那一邊稍帶負電,氫的那一邊稍帶正電。

　　圖 6.28 說明了極性分子如何以電荷吸引另一個分子，分子間吸引力大，很難拆開。換句話說，可以把極性分子想成是「黏在一起」的，把它們分開要多花一些能量，才可以讓它們進入氣態。因此，極性分子組成的物質，沸點一般都比非極性分子組成的物質來得高，如表 6.3 所示（見第113頁）。舉例來說，水在 100℃ 沸騰，二氧化碳在 － 79℃ 沸騰，沸點相差了 179℃ 那麼多，何況二氧化碳分子的質量還比水分子重兩倍呢。

　　分子的「黏性」對物質的巨觀性質影響很大，因此分子的極性是化學上的重要概念。例如油與水很難混在一起，也與分子的極性有關。油水不相混不是因為油與水互相排斥，而是水分子間互相吸得太緊，水分子的極性把水分子互相拉得太緊，把非極性的油分子給排斥在外，使得油不能與水相混。油比水輕，所以會浮在水面上。

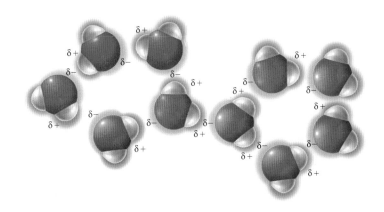

🏠 圖 6.28
水分子互相吸引，因為每一個水分子都含有稍帶正電的一端與稍帶負電的一端。水分子會用正電端面向隔鄰水分子的負電端。

觀念檢驗站

物質 A 在 150°C 時沸騰，物質 B 在 30°C 下沸騰。這些物質的分子大小約略相同，但是形狀不同，如下圖所示。哪一種物質較具極性？

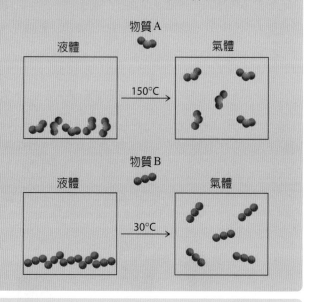

你答對了嗎？

物質 A 的極性較大，理由有二。第一，A 分子是彎曲的，顯示它可能有偶極，而且是像水一樣的偶極。再者，大小相似的分子，極性分子比非極性分子更容易互相黏結，所以極性物質的沸點會比較高。換句話說，極性分子要互相分開，需要更多的能量（沸騰是物理變化，因為分子並沒有改變）。

表6.3　一些極性與非極性物質的沸點	
物質	沸點（℃）
極性	
水（H_2O）	100
氨（NH_3）	− 33
非極性	
氫（H_2）	− 253
氧（O_2）	− 183
氮（N_2）	− 196
三氟化硼（BF_3）	− 100
二氧化碳（CO_2）	− 79

想一想，再前進

在本章中，我們探討了兩種化學鍵結：離子鍵與共價鍵。離子鍵是一個或多個電子，從一個原子移轉到另一個原子而形成的。因為電子轉移會產生一個正離子、一個負離子，而且正負離子會因為產生的電吸引力而結合。共價鍵則是原子間共享電子形成的。當電子的共享均勻時，就是非極性共價鍵。如果其中一個原子的電負度較大，對電子的拉力較強時，會產生極性共價鍵，並形成偶極。

我們也探討了在判定分子的極性時，分子形狀扮演的角色，也探討了分子極性如何對物質的巨觀性質，產生巨大的影響。想想看，如果水分子中的氧原子沒有兩對非鍵結電子對，這世界會變成什麼樣子。如果水分子不是彎曲的，而是像二氧化碳般的直線分子，兩個氫－氧鍵的偶極會互相抵銷，使得水成為低沸點的非極性物質。那麼常溫時，水在地球上便不是液體，就輪不到我們在這裡討論這些觀念了。不過我們很高興，水在氧上面有兩個非鍵結電子對，讓我們有這機會在這裡思考分子領域的內涵。

關鍵名詞

價電子 valence electron：位在價殼層的電子，可參與化學鍵結。（6.1）

價殼層 valence shell：原子中有電子盤據的最外殼層。（6.1）

電子點結構 electron-dot structure：這是原子殼模型的速記法，在原子符號周圍用點代表價電子。（6.1）

非鍵結電子對 nonbonding pair：未參與化學鍵的兩個配對電子，但

它們卻能影響分子的形狀。（6.1）

離子 ion：原子失去或得到電子時，形成的帶電荷粒子。（6.2）

多原子離子 polyatomic ion：帶有淨電荷的分子。（6.2）

離子鍵 ionic bond：電荷相反的離子彼此結合而成的一種化學鍵。（6.3）

離子化合物 ionic compound：任何含有離子的化合物。（6.3）

共價鍵 covalent bond：兩原子藉由配對電子間的吸引力所形成的一種化學鍵。（6.4）

共價化合物 covalent compound：原子間藉由共價鍵結合，所形成的元素或化合物。（6.4）

分子 molecule：原子藉由共價鍵緊密結合成的物質。（6.4）

價殼層電子對互斥模型（VSEPR） valence-shell electron-pair repulsion：假設電子對彼此會設法互相遠離的模型，用以解釋分子幾何學。（6.5）

取代基 substituent：包圍中心原子的原子或未鍵結電子對。（6.5）

偶極 dipole：由於結合原子的電負度差異，使化學鍵出現電荷分離的情形。（6.6）

電負度（陰電性）electronegativity：某原子與其他原子結合時，所展現的吸引配對電子的能力。（6.6）

非極性鍵 nonpolar bond：不具偶極的化學鍵。（6.6）

極性鍵 polar bond：具有偶極的化學鍵。（6.6）

延伸閱讀

1. https://www.ada.org/en/member-center/oral-health-topics/fluoride-topical-and-systemic-supplements
   美國牙科協會的氟化物網頁,可以連結到許多有關氟化物及飲水與牙膏加氟的資訊。

2. http://www.google.com
   已證明氟化物離子濃度約每公升 1 毫克離子對預防蛀牙最為有效。氟離子濃度過高是有毒的。例如, 10 克劑量的氟化鈉,就足以使一位成年人致死,使用 Google 搜尋引擎來探討氟離子在我們環境中的各種爭議,利用「氟化物離子及蛀牙」與「氟化物離子的毒性」等詞句來搜尋。記住,在網路搜尋時,最慷慨激昂的陳述不一定是最正確的。

3. http://www.saltinstitute.org/idd.htm
   很多文獻報告顯示,加碘的食鹽對控制甲狀腺腫是有效的。在此網址可以查證,首先指出這種結論的歷史個案研究。

4. https://soils.wisc.edu/facstaff/barak/virtual_museum/_museum.html
   「礦物與分子的虛擬實境博物館」的首頁,由明尼蘇達大學的 Phillip Barak 與威斯康辛大學的 Ed Nater 企劃。你在這裡可以操作三維的分子模型。前提是,你的瀏覽器要有 Chime 外掛程式,可以從 http://www.mdl.com/ 下載這個程式。

第6章 觀念考驗

關鍵名詞與定義配對

共價鍵	非鍵結電子對
共價化合物	非極性鍵
偶極	極性鍵
電子點結構	多原子離子
電負度	取代基
離子	價電子
離子鍵	價殼層
離子化合物	價殼層電子對互斥模型
分子	

1. _____：原子的最外層電子，可以參與化學鍵結。

2. _____：原子有電子占據的最外殼層。

3. _____：原子殼層模型的速記法，在此法中，價電子標示在原子符號的周圍。

4. _____：不參與化學鍵結，但會影響分子形狀的兩個成對價電子。

5. _____：帶電的粒子，當原子失去或獲得一個或更多電子時產生的。

6. _____：帶電荷的分子。

7. _____：一種化學鍵，把相反電荷的離子用電力結合。

8. _____：含有離子的任何化合物。

9. _____：一種化學鍵，原子間是以對於兩個共享電子的共同吸引力而結合的。

10. _____：以共價鍵結合的元素或化合物。

11. _____：以共價鍵結合的一組原子。

12. _____：用來解釋分子幾何的模型，準則是電子對之間要盡量分開。

13. _____：圍繞中央原子的原子或非鍵結電子對。

14. _____：因為鍵結原子間的電負度不同，產生的化學鍵電荷分離。

15. _____：原子具有的能力，在與另一個原子鍵結時，可以吸引鍵結的電子對到原子本身。

16. _____：沒有偶極的化學鍵。

17. _____：有偶極的化學鍵。

分節進擊

6.1 原子模型解釋了原子如何鍵結

1. 需要多少殼層才能構成週期表的七個週期？

2. 第一殼層可以填入多少電子？第二殼層呢？

3. 氬原子（Ar，原子序 18）會完全填滿多少殼層？

4. 電子點結構畫出的是哪些電子？

5. 週期表中，同一族元素的電子點結構有什麼相似處？

6. 在氧原子的價殼層上有多少個非鍵結電子對？有多少個未成對的價電子？

6.2 原子可以失去或獲得電子成為離子

7. 離子與原子有何不同？

8. 要成為負離子，原子要失去還是獲得電子？

9. 金屬比較容易失去還是獲得電子？

10. 鈣原子易失去多少個電子？

11. 爲什麼氟原子僅易於獲得一個電子？

12. 分子失去什麼，會成爲多原子離子？

6.3　電子轉移造成了離子鍵

13. 哪些元素易形成離子鍵？

14. 離子化合物是化合物的一種，還是化合物是離子化合物的一種？

15. 化合物氯化鈣（$CaCl_2$）中的鈣離子，電荷是多少？

16. 化合物氧化鈣（CaO）中的鈣離子，電荷是多少？

17. 假設氧原子獲得兩個電子後成爲氧離子，這個氧離子的電荷是多少？

18. 什麼是離子晶體？

6.4　共享電子造就共價鍵

19. 哪一種元素易形成共價鍵？

20. 什麼力量使共價鍵的兩個原子結合？

21. 在共價雙鍵中，有多少個電子受到共享？

22. 在共價參鍵中，有多少個電子受到共享？

23. 氧原子可以從其他的原子吸引多少個價電子？

24. 氧原子可以形成多少個共價鍵？

6.5　價電子決定分子的形狀

25. VSEPR 代表什麼？

26. 四面體有多少個面？

27. 「取代基」的意義是什麼？

28. 分子的幾何形狀與分子形狀，在什麼時候會不相同？

29. 水分子中的氧原子有多少個取代基？

6.6 不均勻的電子共享，造成了極性共價鍵

30. 什麼是偶極？
31. 週期表的哪一個元素，電負度最大？哪一個最小？
32. 碳－氧鍵與碳－氮鍵，哪一個的極性較強？
33. 極性共價鍵與離子鍵有何相似之處？

6.7 電子不均勻分布，分子就有極性

34. 分子裡若有不同電負度的原子時，在什麼情況下分子才會是非極性的？
35. 為什麼非極性物質會在較低的溫度下沸騰？
36. 極性分子與非極性分子，哪一種較有對稱性？
37. 為什麼油與水不會相混？
38. 極性分子與非極性分子，哪一種比較「黏稠」？

高手升級

1. 原子把一個電子給另一個原子，是物理變化還是化學變化？
2. 為什麼鎂原子那麼容易失去兩個電子？
3. 為什麼鈉原子不會得到七個電子，使第三殼層成為全填滿的最外殼層？
4. 鎂離子帶了 2＋電荷，氯離子帶了 1－電荷，離子化合物氯化鎂的化學式為何？
5. 鋇離子帶了 2＋電荷，氮離子帶了 3－電荷，離子化合物氮化鋇的化學式為何？
6. 離子鍵有偶極嗎？
7. 為什麼氖原子不易獲得電子？
8. 為什麼氖原子不易失去電子？

9. 為什麼氫原子不會形成一個以上的共價鍵？

10. 原子形成共價鍵的動力為何？是它的核電荷還是因為要填滿價殼層？請解釋。

11. 離子鍵與共價鍵之間是斷然的變化，還是逐漸的變化？

12. 下列鍵結是離子鍵、極性共價鍵或非極性共價鍵：（O 的原子序為 8，F 的原子序為 9、Na 的原子序為 11、Cl 的原子序為 17、Ca 的原子序是 20，U 的原子序是 92）

    O 與 F　　_____

    Ca 與 Cl　　_____

    Na 與 Na　　_____

    U 與 Cl　　_____

13. 非金屬元素的原子鍵結時形成共價鍵，但有時也會形成離子鍵，為什麼？

14. 金屬元素的原子易形成離子鍵，但不能形成良好的共價鍵，為什麼？

15. 膦是磷（P）與氫（H）組成的共價化合物，化學式為何？

16. 雖然氯化鍺（$GeCl_2$）只有兩個原子圍繞中央的鍺原子，但分子卻是彎曲的，為什麼？

17. 寫出離子化合物氯化鈣（$CaCl_2$）的電子點結構。

18. 寫出共價化合物乙烷（C_2H_6）的電子點結構。

19. 寫出共價化合物過氧化氫（H_2O_2）的電子點結構。

20. 寫出共價化合物乙炔（C_2H_2）的電子點結構。

21. 硫酸（H_2SO_2）的二維表示法為

$$HO-\overset{\displaystyle O}{\underset{\displaystyle O}{\overset{\|}{\underset{\|}{S}}}}-OH$$

    它的分子形狀是什麼樣子？

22. 檢視表 6.2 中的 PF_5 與 SF_4 的三維幾何。你認為哪一個化合物的極性較大？

23. 原子的電負度來源是什麼？

24. 哪一個鍵的極性最大：H−N、N−C、C−O、C−C、O−H、C−H？

25. 哪一個分子的極性最大：S＝C＝S、O＝C＝O、O＝C＝S？

26. 以下各分子中的哪一個元素，帶有較大的正電荷：H−Cl、Br−F、C≡O、Br−Br？

27. 把這些鍵結按極性漸增的順序來排列：N−N、N−F、N−O、H−F

　　＿＿＿＿ ＜ ＿＿＿＿ ＜ ＿＿＿＿ ＜ ＿＿＿＿

　　（極性最小）　　　　　　（極性最大）

28. 哪一個極性較大：硫−溴鍵（S−Br）或硒−氯鍵（Se−Cl）？

29. 水（H_2O）與甲烷（CH_4），質量差不多，只有一種原子不同。為什麼水的沸點比甲烷高出那麼多？

30. 個別的碳−氧鍵是極性的，不過二氧化碳（CO_2）有兩個碳−氧鍵，卻是非極性的，請解釋。

31. 下面每一對中，哪一個化合物的沸點較高（原子序：Cl 為 17、S 為 16、O 為 8、C 是 6、H 是 1）：

(a)
$$\begin{array}{cc} Cl & Cl \\ \diagdown & \diagup \\ C & = & C \\ \diagup & \diagdown \\ H & H \end{array} \qquad \begin{array}{cc} H & Cl \\ \diagdown & \diagup \\ C & = & C \\ \diagup & \diagdown \\ Cl & H \end{array}$$

(b) S＝C＝O　　　O＝C＝O

(c)
$$\begin{array}{cc} Cl & \\ \diagdown & \\ C & = & O \\ \diagup & \\ Cl & \end{array} \qquad \begin{array}{cc} Cl & H \\ \diagdown & \diagup \\ C & = & C \\ \diagup & \diagdown \\ Cl & H \end{array}$$

32. 為什麼氨（NH_3）的極性大於硼烷（BH_3）？

07

分子混合

你知道嗎？煮咖啡、洗衣服，甚至炒菜沾不沾鍋，
都與分子間的結合力有關！
不同的分子靠在一起，會有微妙的作用產生，
就是這些性質，讓我們可以喝到香濃咖啡，
把衣服洗得乾乾淨淨，
並讓科學家造出了不易沾黏的鐵氟龍材質。

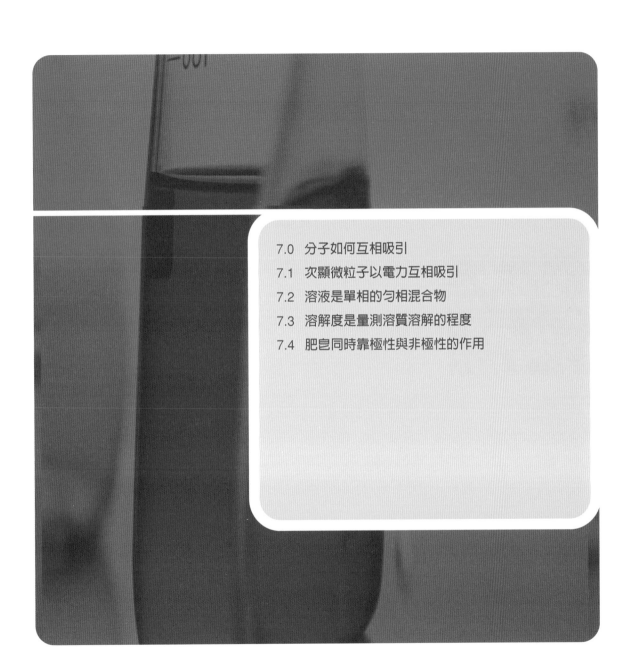

7.0 分子如何互相吸引

魚會不會溺斃？很多人認爲這個問題很蠢。不過，在《觀念化學 1》第 2.4 節中提到，魚並不「呼吸」水，而是由鰓抽取溶在水中的氧。所以，如果水中的氧分子不夠的話，魚也會溺斃。當有過量的有機廢物倒到湖裡或河裡時，就會發生這種情形。我們會在《觀念化學 5》第 16 章探討，微生物會吃有機廢物，而同時微生物也會消耗氧分子。這些微生物在成長時，水中氧分子的量如果掉到某種程度時，魚和很多水生生物就會溺斃。

在一定體積的水中，可溶入的氧分子數目是不可置信的少。例如在室溫下，已充分充氣的水，每 200,000 個水分子中，才只有 1 個氧分子。這種比例顯示在左欄的圖中。因此，魚鰓把氧從水中抽出來的效率，一定要很高。

本章將解釋，有多少物質的物理性質，是組成物質的次顯微粒子間的吸引力造成的。例如，爲什麼只有少量的氧可以溶入水中，這個問題可用水分子與氧分子間吸引力很弱來解釋。開始時，我們先來看看發生在次顯微粒子間的四種電吸引力。

7.1 次顯微粒子以電力互相吸引

純物質是由單一種次顯微粒子組成的。如離子化合物的粒子就是離子；共價化合物的粒子就是分子；元素的粒子就是原子。

　　表 7.1 列出發生在這些粒子間的四種電吸引力。不過這些吸引力中，最強的也比化學鍵要弱很多倍。例如，兩個相鄰水分子間的吸引力，約比水的氫氧鍵要弱上 20 倍。雖然粒子與粒子間的吸引力相當的弱，不過你會發現它們對你周遭的物質，有深遠的影響。

　　我們現在來探討粒子間的吸引力，依其強度逐一討論，由最強的開始。

表7.1 　次顯微粒子間的電吸引力	
吸引力	相對強度
離子－偶極	最強
偶極－偶極	
偶極－感應偶極	
感應偶極－感應偶極	最弱

離子與極性分子會互相吸引

　　你大概記得第 6 章曾提到，極性分子的鍵結電子呈不均勻分布。分子的一邊稍帶有負電荷，另一邊稍帶有正電荷，這種電荷的分離就是偶極。

　　所以如果水分子等極性分子靠近離子化合物（如氯化鈉）時，會發生什麼情形？答案是：相反的電荷會互相吸引。帶正電的鈉離子吸引水分子的負電端，帶負電的氯離子會吸引水分子的正電端，如次頁的圖 7.1 所示。這種離子與極性分子的偶極吸引力，稱為「離

用一連串相疊的弧形來表示電的
吸引力。藍色的弧形表示負電
荷,紅色的弧形表示正電荷。

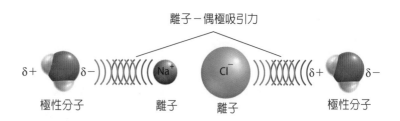

離子－偶極吸引力

$\delta+$ $\delta-$)))))))(((((Na⁺ Cl⁻)))))))((((($\delta+$ $\delta-$

極性分子   離子   離子   極性分子

子－偶極吸引力」(ion-dipole attraction)。

　　離子－偶極的吸引力比離子鍵弱得很多。不過,離子－偶極吸引力的數目一多,群集的力量會破壞離子鍵。這就是氯化鈉在水中的情形。水分子施加的吸引力會使離子鍵斷裂,離子因而分離。結果就如圖 7.2 所示的氯化鈉水溶液。(物質溶於水產生的溶液稱為水溶液)。

氯離子與鈉離子緊緊結合成的晶
格,遭水分子集體施加的吸引力
而破壞,形成氯化鈉的水溶液。

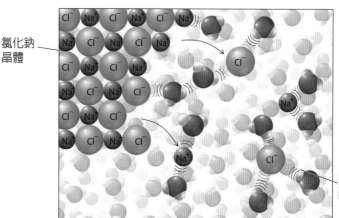

氯化鈉
晶體

離子－偶極
吸引力

氯化鈉的水溶液

極性分子吸引其他的極性分子

　　兩個極性分子間的吸引力稱爲「偶極－偶極吸引力」（dipole-dipole attraction）。**氫鍵**是異常強的偶極－偶極吸引力。產生氫鍵的分子特徵是，分子的共價鍵是由氫原子連接氮、氧或氟等高電負度原子形成的。回顧第 6 章，原子的電負度是指，原子把鍵結電子拉向自己的力量有多強。原子的電負度愈大，獲得電子的能力就愈大，原子的電荷因此愈爲負。

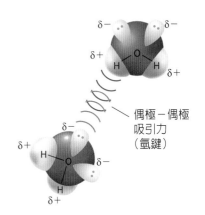

圖7.3
兩個水分子間的偶極－偶極吸引力是氫鍵。因爲水分子間的吸引力與氫原子有關，而這個氫原子是與高電負度氧原子鍵結的。

　　圖 7.3 解釋了氫鍵如何作用。極性分子（例如水）的氫端有正電荷，因爲與氫鍵結的氧，電負度較大，氧會緊抓住氫的電子，使得氫稍帶正電，氫得以吸引住一對非鍵結電子，這對非鍵結電子由另一個分子（在本例中是另一個水分子）的帶負電荷原子提供。氫與另一個分子上帶負電荷的原子間，所產生的吸引力就是氫鍵。

　　氫鍵的強度視兩件事而定：（1）牽涉其中的偶極強度（也就是極性分子上，不同原子的電負度差）、（2）分子上的非鍵結電子，吸引鄰近分子上氫原子的力量強弱。

　　即使氫鍵比起任何共價鍵或離子鍵都弱得多，氫鍵的影響也可能非常大。例如，水有很多性質是因爲它有氫鍵才形成的。氫鍵對大分子，如生物裡的 DNA 與蛋白質的化學，也非常重要。這些分子將在《觀念化學 4》第 13 章中討論。

極性分子可以感應出非極性分子的偶極

　　很多分子的電子分布得很均勻，所以沒有偶極。例如氧分子（O_2）就是如此。不過，這種非極性分子靠近水分子或任何其他的極性分子時，會感應出暫時的偶極，如次頁的圖 7.4 所示。水分子稍帶

負電性的那一端，把氧分子的電子推開，氧的電子給推到離水分子最遠的地方，結果產生暫時性的電子不均勻分布，稱為**感應偶極**。這種在永久偶極（水）與感應偶極（氧）之間產生的吸引力，就是偶極－感應偶極吸引力。

圖 7.4

（a）獨立的氧分子沒有偶極，它的電子分布得很均勻。（b）氧分子靠近水分子時，氧分子的電子重新分布（氧分子稍帶負電的那一端，畫得比正電端大，因為負電端含有較多的電子）。

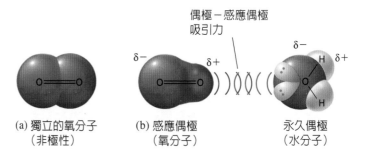

偶極－感應偶極吸引力

$\delta-$ $\delta+$ $\delta-$ H $\delta+$

O＝O   O＝O   O   H

(a) 獨立的氧分子（非極性）　　(b) 感應偶極（氧分子）　　永久偶極（水分子）

觀念檢驗站

Q   當氧分子接近水分子的氫端，氧分子的電子分布會如何改變？

你答對了嗎？

A   因為水分子的氫端稍帶正電，水分子會把氧分子的電子拉過來一點，氧分子就感應出暫時性的偶極，接近水分子的那一端較大（剛好跟圖 7.4 相反）。

　　記住，感應偶極只是暫時的。如果圖 7.4 b 的水分子給移開，氧分子就會回復它的正常非極性狀態。因此「偶極－感應偶極」吸引力比「偶極－偶極」吸引力要弱。不過，偶極－感應偶極吸引力已經足以使少量氧分子溶解在水中。這種水與分子氧的吸引力對魚及其他的水生生命是必需的，這些生命要仰賴溶於水中的氧。

　　偶極－感應偶極吸引力，也發生在非極性的二氧化碳分子與水之間。這種吸引力讓碳酸飲料（是二氧化碳與水的混合物）不會一打開就很快沒氣了。偶極－感應偶極吸引力也使保鮮膜能夠包住玻璃（如圖 7.5）。保鮮膜是由很長的非極性分子製成的，與玻璃（有高度極性）接觸時，就產生了感應偶極。下一節將討論，例如保鮮膜等非極性材料，分子間也可以感應出偶極。這解釋了保鮮膜不僅會黏住極性材料（如玻璃），自己也會給自己黏住。

△ 圖 7.5
保鮮膜的非極性分子產生暫時偶極，使保鮮膜黏住玻璃。

 觀念檢驗站

Q　「偶極－偶極」吸引力與「偶極－感應偶極」吸引力的區別在那裡？

 你答對了嗎？

A　偶極－偶極吸引力比較強，它牽涉到兩個永久偶極。偶極－感應偶極吸引力比較弱，它牽涉到一個永久偶極與一個暫時偶極。

非極性氦　　氦中的暫時性偶極

⌂圖 7.6
原子的電子分布是均勻的。但在某一個時刻，電子分布可能變得不均勻，產生暫時的偶極。

原子與非極性分子，都可形成暫時偶極

一般而言，個別的原子與非極性分子，電子分布都很均勻。不過，因為電子運動都是隨機的，可能在某一時間裡原子或非極性分子的電子，會傾向一邊，結果造成如圖 7.6 所示的暫時偶極。

極性分子的永久偶極可以對非極性分子感應出偶極，暫時偶極也可以做同樣的事。這會產生最弱的粒子間吸引力：「感應偶極－感應偶極吸引力」（induced dipole-induced dipole attraction），如圖 7.7 所示。

暫時偶極對較大的原子較顯著。因為較大的原子，電子有較大的空間做隨機運動，因此較可能傾向原子的一邊。在較小的原子裡，較不可能有這種情形，因為電子已局促於很小的空間裡了，產生的較大斥力，使電子不得不保持均勻分布。所以，較大的原子（或由較大原子組成的分子）會有最大的感應偶極－感應偶極吸引力。

圖 7.7
原子中正常的電子均勻分布，可能暫時成為不均勻分布，原子可能會因感應偶極－感應偶極吸引力，而互相吸引。

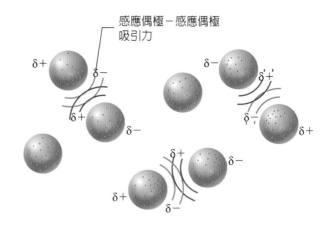

　　如圖 7.8 所示,非極性碘分子(I$_2$)相當的大,碘分子間的吸引力,大於較小的非極性氟分子(F$_2$)的吸引力。這解釋了為什麼碘分子在室溫時會黏合成固體,但在同樣的溫度下,氟分子卻會分離成氣體。

　　氟是最小的原子之一,氟原子形成的非極性分子只能有非常弱的感應偶極–感應偶極吸引力,這也就是鐵氟龍表面沒有沾黏性的緣故。次頁的圖 7.9 顯示了部分的鐵氟龍分子,鐵氟龍分子是碳原子長鏈以化學鍵鍵結氟原子而成的,氟原子對於與它表面接觸的材料幾乎沒有吸引力,所以鐵氟龍鍋煎蛋不黏鍋。

📥 圖7.8

(a)碘分子之類的較大分子,較容易形成暫時性偶極。較大的原子當電子簇集於一邊時,電子間的距離仍甚遠,電子間不會有電斥力出現。(b)氟之類的小分子,電子不太會簇集於一側,因為電子愈靠近,電斥力會愈大。

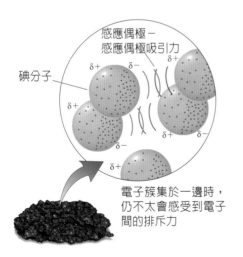

感應偶極–
感應偶極吸引力

碘分子

$\delta+$　$\delta-$　$\delta+$

$\delta+$

$\delta+$　$\delta-$

$\delta-$

$\delta+$

電子簇集於一邊時,
仍不太會感受到電子
間的排斥力

(a)碘在室溫下為
固體

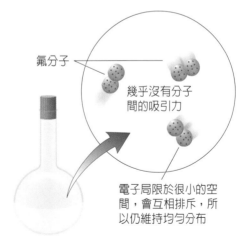

氟分子

幾乎沒有分子
間的吸引力

電子局限於很小的空
間,會互相排斥,所
以仍維持均勻分布

(b)氟在室溫下為
氣體

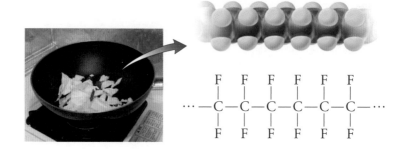

圖7.9
很少有東西會黏在鐵氟龍上，因
為它含有相當多的氟原子。在這
裡畫出的結構僅是長串分子的一
小部分。

觀念檢驗站

「偶極－感應偶極」吸引力與「感應偶極－感
應偶極」吸引力的區別在那裡？

你答對了嗎？

偶極－感應偶極吸引力比較強，它牽涉到一個永久
偶極與一個暫時性偶極；感應偶極－感應偶極吸引
力則較弱，它牽涉到兩個暫時性的偶極。

　　感應偶極－感應偶極吸引力可以解釋，為什麼天然氣在室溫下
是氣體，汽油卻是液體。天然氣的主要成分是甲烷（CH_4），汽油的
主成分之一是辛烷（C_8H_{18}）。我們在圖 7.10 看到兩個甲烷分子的感
應偶極－感應偶極吸引力的數目，遠遠少於兩個辛烷分子之間的數
目。你知道小片的黏扣帶比長片的容易撕開，甲烷分子就像短的黏
扣帶，只要用稍許力氣就可以拆開，這也就是為什麼甲烷的沸點低

（−161℃），在常溫下是氣體。辛烷就像長條的黏扣帶，相當難扳開，因爲它有很多的感應偶極－感應偶極吸引力。辛烷的沸點是125℃，比甲烷高得多，辛烷在室溫下是液體（辛烷的質量大，也是常溫下爲液體的原因之一）。

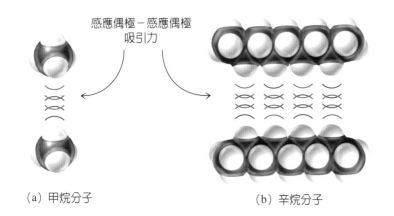

感應偶極－感應偶極
吸引力

（a）甲烷分子　　　　　　　　　（b）辛烷分子

◁ 圖7.10
（a）兩個非極性的甲烷分子以感應偶極－感應偶極吸引力相吸引，但每個分子只有一個吸引力。（b）兩個非極性的辛烷分子也與甲烷相似，但辛烷分子比較長，它的分子間感應偶極－感應偶極吸引力的數目較多，使吸引力大得多。

生活實驗室：圓形的彩虹

黑墨水中含有許多不同顏色的顏料，這些顏料和在一起會吸收所有的可見光頻率。因爲沒有光反射，所以墨水看起來是黑色的。我們可以用電的吸引力來分離黑墨水中的成分。這種技術叫做「紙色層分析法」（paper chromatography）。

■ 請先準備
黑筆或黑色水溶性的馬克筆；一張多孔性的紙，如紙巾、餐巾紙或咖啡濾紙；溶劑，如水、丙酮（去光水）、擦拭酒精或白醋。

■ 請這樣做：

1. 把墨水濃濃的點在多孔性紙的中央。

2. 小心的把一滴溶劑點在墨水點上，觀察墨水隨溶劑呈輻射狀擴散的情形。墨水中的各組成成分對於溶劑有不同的親和性（不同的組成分子與溶劑分子有不同的電吸引力），所以用不同的速率擴散。

3. 當紙完全吸收此滴溶劑後，再於同一個地方滴下第二滴溶劑，接著滴第三滴，如此繼續下去，直到墨水的組成分開的程度讓你滿意為止。

有幾個因素會影響這些成分的分離，包括你選擇的溶劑與你的技術。如果用放大鏡或顯微鏡來觀察墨水移動的前緣時，會更加有趣。

🔍 生活實驗室觀念解析

當初發展紙色層分析法是為了分離植物的顏料，用此方法可以分離出不同顏色的顏料，所以這個技術的英文名稱 chroma 就是拉丁文的「顏色」。但是，沒有顏色的混合物，也可用色層分析法分離，只要各成分對於溶劑及靜態介質，有不同的親和性就行了。靜態介質是供溶劑通過的物體，如紙張等。

色層分析法除了紙色層分析法之外，形式還有很多。在「管柱層析法」（column chromatography） 中，使用的是填滿沙狀材料的管柱，把待分離的混合物放入管柱頂部，用溶劑把混合物沖通過管柱，混合物的各組成分會被溶劑以不同速率向下拉。再用不同的燒瓶，收集管柱底部在不同時間內滴出的純化成分。

另一種為「氣相層析法」（gas chromatography），把液體混合物注入長而細的管子，並把液體混合物都加熱成氣體混合物。氣體混合物的每一個成分都以各自的速率通過管子，這個速率是由組成分與管子內表面靜態塗層介質間的親和力而定。氣相層析法可以用來分離微量成分，所以是極有價值的分析工具，可做藥品測試等等。

觀念檢驗站

可以當燃料的甲醇（CH₃OH），並不比甲烷（CH₄）大多少，但在常溫下是液體，為什麼？

你答對了嗎？

甲醇分子有極性的氧－氫共價鍵，會在分子間產生氫鍵。氫鍵使甲醇分子聚結在一起，在室溫下呈現液態。

7.2 溶液是單相的勻相混合物

　　蔗糖加水攪拌，會發生什麼情況？蔗糖給摧毀了嗎？因為水變甜了，我們知道蔗糖並沒有給摧毀。蔗糖不見了，是因為它不再占據原來的空間，而填入了水分子間的間隙嗎？也並不是這樣的，水加入蔗糖後，體積改變了。這種改變一開始也許很難察覺，但繼續加入蔗糖到水杯裡，你會見到水面上升，情況如同你把沙子加到水裡一樣。

　　蔗糖與水攪拌後，就不再保有晶體形狀。每一個蔗糖晶體都是由數十億個蔗糖分子精巧堆疊而成的。當晶體溶入在水中（《觀念化學1》的圖 2.13 曾描述過這種情況，次頁的圖 7.11 再描述一次），會有很多的水分子用氫鍵把蔗糖分子拉出來，氫鍵是蔗糖分子與水分子形成的。糖加入水中稍加攪拌，蔗糖分子馬上就溶入水中，形成蔗糖分子溶在水中的勻相混合物。如同《觀念化學 1》中第 2.5 節討

圖7.11
水分子會分開蔗糖晶體裡的蔗糖
分子。不過，這種破壞晶體的行
為並不影響蔗糖分子內的共價
鍵。每一個溶解的蔗糖分子，分
子狀態並不改變。

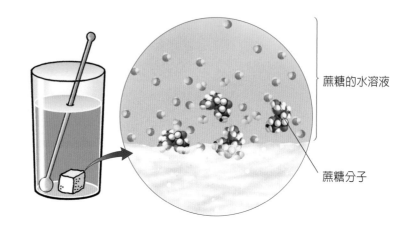

蔗糖的水溶液

蔗糖分子

論的，勻相的意思就是在混合物中，不管是從哪一部分取出的樣品
都長得一樣。在我們的蔗糖例子裡，第一口溶液的甜度與最後一口
的甜度都一樣。

《觀念化學 1》的第 2.5 節又說，勻相混合物只有一個相，稱為
「溶液」。糖溶於水是液相溶液。不過，溶液不一定都是液體，也可
能是固體或是氣體。寶石是固體溶液，紅寶石是透明的氧化鋁中含
些微鉻化合物的固體溶液；藍寶石則是氧化鋁中含有微量鐵化合物
與鈦化合物的固體溶液。另一種重要的固體溶液是金屬合金，是不
同金屬元素形成的混合物，例如黃銅是銅與鋅的固體溶液，不銹鋼
合金則是鐵、鉻、鎳與碳組成的固體溶液。

氣體溶液最好的例子就是我們呼吸的空氣。以體積而論，空氣
溶液有 78% 的氮氣與 21% 的氧氣，還有 1% 的其他氣體，包括水蒸

氣與二氧化碳。我們呼出的空氣也是氣體溶液，含有 75% 的氮、
14% 的氧、5% 的二氧化碳與約 6% 的水蒸氣。

溶液中，量最多的成分稱為**溶劑**，其他成分稱為**溶質**。例如，
一湯匙的糖溶入 1 公升的水中，糖就是溶質，水就是溶劑。

溶質混入溶劑的過程稱為**溶解**。要形成溶液，溶質必須溶解在
溶劑中；也就是說，溶質與溶劑必須形成勻相混合物。無論如何，
溶質溶於溶劑的難易程度，與電吸引力的函數有關。

觀念檢驗站

空氣這種氣體溶液中，哪一個是溶劑？

你答對了嗎？

氮是溶劑，因為它的量最多。

溶質溶解於溶劑中的量有一定的限度，如次頁的圖 7.12 所示。
當你把糖加到玻璃杯中，糖很快就會溶解。不過，你繼續再加入糖
到某個程度時，糖會沉積到杯底而不再溶解了，不管你再怎麼攪拌
都一樣。此時，水中的糖達到「飽和」，水不能再接受更多的糖了，
我們稱這個溶液為**飽和溶液**，飽和溶液的定義就是溶質不再能溶解
於溶劑中。若溶液中的溶質尚未到達「飽和」極限，還可繼續溶解
時，這樣的溶液稱為**不飽和溶液**。

📖 圖 7.12

在 20℃ 下，每 100 毫升的水最
多可溶解 200 公克的蔗糖。（a）
在 20℃ 下，把 150 公克的蔗糖
倒入 100 毫升的水中，會產生不
飽和溶液。（b）在 20℃ 下，
加 200 公克的蔗糖到 100 毫升
的水中，會產生飽和溶液。（c）
在 20℃ 下，如果加 250 公克蔗
糖到 100 毫升的水中，會有 50
公克的蔗糖保持不溶解。（我們
在稍後會討論到，飽和溶液的濃
度與溫度有關）。

(a) 在 20℃ 下，
150 公克的蔗糖加
到 100 毫升的水中

(b)在 20℃ 下，200
公克的蔗糖加到
100 毫升的水中

(c)在 20℃ 下，
250 公克的蔗糖加
到 100 毫升的水中

溶質溶解於溶液的量，可用數學計算出來，稱為溶液的**濃度**，
濃度就是定量溶液中溶解的溶質量：

$$溶液的濃度 = \frac{溶質的量}{溶液的量}$$

例如，有一蔗糖水溶液的濃度為每 1 公升溶液中溶有 1 公克的
蔗糖。另有一個蔗糖水溶液，濃度為每 1 公升溶液中含 2 公克的蔗
糖。第二個溶液的濃度比前者濃。另外有一個蔗糖水溶液，每 1 公
升溶液中僅含 0.5 公克的蔗糖，那麼這個溶液是最稀的。

化學家比較感興趣的是溶液中溶質粒子的數目，而不是溶質的
公克數。不過次顯微粒子那麼的小，要到可觀測的數目會很大。科
學家就用**莫耳**單位，對付這種可怕的大數目。莫耳的定義可以適用
於任何種類的粒子，一莫耳的定義是 6.02×10^{23}（這個超大的數目
約是六千零二十億兆）個粒子：

這濃縮咖啡
好濃啊！

我的普通咖
啡稀一點。

$$1 \text{ 莫耳} = 6.02 \times 10^{23} \text{ 個粒子}$$
$$= 602,000,000,000,000,000,000,000 \text{ 個粒子}$$

1 莫耳的蔗糖
等於 342 公克的蔗糖
等於 6.02×10^{23} 個蔗糖分子

🏠 圖7.13
濃度為每公升 1 莫耳的蔗糖水溶液中,每公升含有 6.02×10^{23} 個蔗糖分子（342 公克）。

例如,1 莫耳的硬幣,就是 6.02×10^{23} 個硬幣,1 莫耳的彈珠,就是 6.02×10^{23} 個彈珠,1 莫耳的蔗糖分子,就是 6.02×10^{23} 個蔗糖分子。

即使你平生從沒聽過「莫耳」這個名詞的話,你也已經熟悉這個觀念了。「一莫耳」就是「六點零二乘上十的二十三次方」的簡稱,就如同「一對」的意思是指 2 樣東西,一打是 12 樣東西一樣,一莫耳就是 6.02×10^{23} 個東西。因此我們可以簡單的這樣表示:

● 一對椰子＝2 個椰子
● 一打甜甜圈＝12 個甜甜圈
● 一莫耳薄荷糖＝6.02×10^{23} 個薄荷糖
● 一莫耳分子＝6.02×10^{23} 個分子

把 1 莫耳的一美分硬幣堆起來,高度會達 860 千兆公里,大約等於我們銀河系的直徑,1 莫耳的彈珠足夠覆罩 50 個美國的面積且厚度超過 1.1 公里。不過,蔗糖分子很小,即使有 6.02×10^{23} 個分子,也只有 342 公克,約是滿滿的一杯。因為 342 公克的蔗糖恰是 6.02×10^{23} 個蔗糖的分子,我們可以說 342 公克的蔗糖含有 1 莫耳的蔗糖分子。如圖 7.13 所示,水溶液的濃度為每 1 公升的溶液含有 342 公克的蔗糖,是指每 1 公升的溶液含有 6.02×10^{23} 個蔗糖分子,濃度是每 1 公升溶液中有 1 莫耳的蔗糖。

化學計算題：溶液的計算

由溶液濃度的計算公式，可以導出計算溶質量與溶液量的方程式

$$溶液的濃度 = \frac{溶質的量}{溶液的量}$$

$$溶質的量 = 溶液的濃度 \times 溶液的量$$

$$溶液的量 = \frac{溶質的量}{溶液的濃度}$$

要解出這些值，要注意單位的一致。例如，如果濃度是每公升多少公克，溶質的量就要用公克，溶液的量要用公升。

注意，這些方程式是用來計算「溶液」的量而不是「溶劑」的量。溶液的量大於溶劑的量，溶液中包含溶劑與溶質。例如，本節開頭提到，蔗糖水溶液的體積不只要看水的體積，也要看溶解的蔗糖體積。

例題 1：

3 公升的水溶液，濃度是每 1 公升溶液有 2 公克蔗糖，那麼溶液裡有多少公克的蔗糖？

解答 1：

這是在問溶質的量，所以你應該用上面三個公式的第二個：

$$溶質的量 = \left(\frac{2公克}{1公升}\right) \times 3公升 = 6公克$$

例題 2：

有一個溶液，濃度是每 1 公升溶液有 10 公克溶質。如果你把這種溶液倒到空的燒瓶裡，讓燒瓶內含 5 公克的溶質，要倒入多少公升的溶液？

解答 2：

這是在問溶液的量，所以你要用第三個公式：

$$\text{溶液的量} = \frac{5\text{公克}}{10\text{公克／公升}} = 0.5\text{公升}$$

■ **請你試試：**

1. 在 0℃ 下，氯化鈉在水中的飽和濃度大約是每 1 公升溶液含有氯化鈉 380 公克。如果你要配 3 公升的飽和溶液，需要多少氯化鈉？

2. 有一位學生要用 20 公克的氯化鈉配成水溶液，濃度為每 1 公升溶液含 10 公克的氯化鈉。那她要配置多少公升的溶液？

■ **來對答案：**

1. 溶液的濃度乘上溶液的量，就可以得到所需溶質的量：

$$(380\text{公克／公升})(3\text{公升}) = 1140\text{公克}$$

2. 溶質的量除以溶液的濃度，就得到要配製的溶液的量：

$$\frac{20\text{公克}}{10\text{公克／公升}} = 2\text{公升}$$

蔗糖在 20℃水
中的飽和溶液

組成	質量	分子數目
蔗糖	200公克	3.5×10^{23}
水	100公克	3.3×10^{24}

⌂ 圖7.14
雖然 200 公克的蔗糖，質量是
100 公克水的兩倍，但水的分子
數卻是蔗糖分子數的 10 倍。為
什麼會這樣？每一個水分子的質
量，不到蔗糖分子的二十分之
一，總質量只有蔗糖一半的水分
子，分子數達蔗糖的 10 倍之
多。

公克數告訴你溶液裡溶質的質量；莫耳數告訴你確實的分子數目。莫耳（mole）的英文是從拉丁文的「一堆」這個詞而來的。一莫耳的彈珠可以堆成嘆為觀止的一堆！我們將會在《觀念化學 3》第 9 章探討，如何由一定量的質量去計算有多少個分子，或由一定數目的分子去計算有多少質量。

化學家常用的濃度單位是**莫耳濃度**，就是溶液的濃度用每公升溶液有多少莫耳的溶質來表示：

$$\text{莫耳濃度} = \frac{\text{溶質的莫耳數}}{\text{溶液的公升數}}$$

有一個溶液，每 1 公升溶液中含有 1 莫耳的溶質，濃度為1莫耳濃度，常縮寫為 1M。更濃一點的是 2M 的溶液，這是每 1 公升溶液含有 2 莫耳的溶質。

下面的問題可以說明，使用溶質的分子數目與使用溶質的公克數的差別。飽和蔗糖水溶液含有 200 公克的蔗糖與 100 公克的水，蔗糖與水，哪一種是溶劑？

如圖 7.14 顯示的，200 公克的蔗糖有 3.5×10^{23} 個蔗糖分子，但 100 公克的水，卻有 3.3×10^{24} 個分子，數目是蔗糖的 10 倍之多。依前面的定義，溶劑是組成中量大的部分，但指的是什麼「量」呢？如果量是指分子數目，水就是溶劑，如果量是指質量，那麼蔗糖便是溶劑。從化學家的觀點，「量」通常是指分子數目，所以在這個例子裡，水是溶劑。

觀念檢驗站

1. 有 2 莫耳濃度的蔗糖水溶液 0.5 公升，含有多少莫耳的蔗糖？有多少個蔗糖分子？
2. 濃度 1 莫耳的蔗糖水溶液 1 公升，所含的水量是 1 公升，或少於 1 公升，還是多於 1 公升？

你答對了嗎？

1. 首先你要瞭解 2 莫耳濃度就是每 1 公升溶液中含有 2 莫耳的蔗糖。把溶液濃度乘上溶劑的量就得到溶質的量：

$$（2 莫耳／公升）（0.5公升）＝1 莫耳$$

也就是 6.02×10^{23} 個分子。

2. 莫耳濃度的定義是「溶液」的公升數，而不是「溶劑」的公升數。當蔗糖加到一定體積的水中，溶液的體積會增加。所以，如果 1 莫耳的蔗糖加到 1 公升的水中，溶液將超過 1 公升。因此 1 公升的 1 莫耳濃度的水溶液中，含有的水少於 1 公升。

生活實驗室：滿出來的甜度

不要以為固體溶到液體後，固體就不再占有空間。

■ **請先準備**：大玻璃杯、溫水、比杯子容量更大的容器，4 湯匙的糖。

■ 請這樣做：

1. 把玻璃杯中倒滿溫水，再小心的把水都倒入較大的容器內。

2. 把糖放入空玻璃杯內。

3. 把一半的溫水倒回入玻璃杯內，攪拌使糖溶解。

4. 再把剩下的水倒回玻璃杯子內，快滿時，可以問朋友，讓他猜猜水面會比原先低？還是一樣？或者比原來高，所以水會溢出來？

如果你的朋友不明白結果怎麼會這樣，只要問問他，杯子加滿了水再把糖加入杯子，會發生什麼狀況。

🐾 生活實驗室觀念解析

不管溶質會不會溶於液體中，溶質都會占據空間。在這個活動中溢出玻璃杯緣的水，體積恰是溶解的固體所取代的水體積。蔗糖溶在水中，蔗糖的分子只是給拉出晶格外成為個別分子。不管蔗糖分子是晶格的一部分或是自由分子，都占有相同的體積。

7.3 溶解度是量測溶質溶解的程度

　　溶質的**溶解度**是指它溶解到溶劑的能力。你可以預期，這種能力大部分倚靠次顯微溶質粒子與溶劑粒子間的吸引力。如果溶質有相當能力溶解於溶劑，那麼我們就說溶質**可溶**於溶劑中。

　　溶解度也倚靠溶質粒子間相互的吸引力，以及溶劑粒子間的相

互吸引力。如圖 7.15 顯示，蔗糖分子有很多極性的氫－氧鍵。因此，蔗糖分子相互間會形成許多氫鍵。這些氫鍵相當強，使蔗糖分子在室溫下呈固體，熔點也相當高，高達 185℃。為了使蔗糖溶於水中，水分子首先必須把相吸引的蔗糖分子拉開。所以蔗糖溶解於水中的量就會有限制，會達到某一點，在此點時沒有足夠的水分子使蔗糖分子分開。如同第 7.2 節提到的，這就是飽和點，即使再多加蔗糖到溶液中，蔗糖也不再溶解了。

CH₂OH

蔗糖

◁ 圖7.15
蔗糖分子含很多的氫－氧共價鍵，其中氫原子稍帶正電，氧原子稍帶負電。這些偶極使蔗糖分子會與鄰近的蔗糖分子形成氫鍵。

　　當溶質分子間的吸引力與溶劑的分子間吸引力幾乎相近時，就沒有實質上的飽和點。例如次頁的圖 7.16 所示，水分子間的氫鍵與乙醇分子間的氫鍵差不多一樣強，因此這兩種液體相溶性很好，可以用任何比例混合。我們甚至可以把乙醇加到水中，直到乙醇變成溶劑為止。

圖7.16
乙醇與水分子大小差不多,且兩者都會形成氫鍵。因此,乙醇與水相溶得很好。

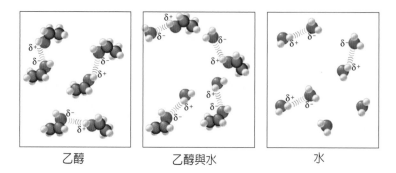

乙醇　　　　　　乙醇與水　　　　　　水

當溶質對某特定溶劑沒有實質的飽和點,就說它可無限溶解(infinitely soluble)於該溶劑。例如,乙醇可無限溶解於水中。另外,所有的氣體都可無限溶解於其他氣體中,因為氣體可以用任何比例相混合。

現在來看看溶解度的另一個極端:溶質很難溶於溶劑中。例如氧氣(O_2)很難溶於水。蔗糖的溶解度是每 100 毫升的水,溶解 200 公克的蔗糖,但氧的情況大為不同,每 100 毫升的水只能溶解 0.004 公克的氧。氧的這種低溶解度歸因於氧分子與水分子間僅有的電吸引力,是很弱的偶極－感應偶極吸引力。不過最重要的原因是,水分子間的相互吸引力太強了。水分子間因氫鍵結合,有效的把氧分子排除在外,不讓氧分子溶入。

不能溶解在溶劑中的材料,稱為**不可溶**於那種溶劑。包括沙子與玻璃等很多物質都不溶於水。然而,不能因為某物質不可溶於一種溶劑,就說它也不可溶於另一種溶劑。例如,沙子與玻璃可溶於氫氟酸(HF)中。氫氟酸可用來做裝飾玻璃的雕蝕劑,另外,聚苯乙烯發泡塑膠雖然不能溶解於水,卻可溶於丙酮中。丙酮是可去除

指甲油的溶劑。倒一點丙酮到聚苯乙烯發泡塑膠杯中，丙酮馬上就
溶解聚苯乙烯發泡塑膠，如圖 7.17 所示。

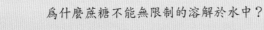

圖 7.17
這個杯子是熔化還是溶解？

觀念檢驗站

Q 為什麼蔗糖不能無限制的溶解於水中？

你答對了嗎？

A 兩個蔗糖分子間的吸引力，強於蔗糖分子與水分子
間的吸引力。因此蔗糖要溶解於水中，只能在水分
子的數目遠超過蔗糖分子的數目時。一旦水分子不
夠了，就無法再多溶解蔗糖，這時溶液就達飽和。

溶解度隨溫度而改變

你從經驗中可能知道，水溶性的固體在熱水中的溶解度比在冷水中的好。例如，高濃度的蔗糖溶液，可以加高熱到接近溶液沸點而產生出來。糖漿與糖果就是這樣製造的。

提高溫度以增加溶解度的原理，是因為熱水分子有較大的動能，可以較激烈的碰撞固態溶質，較激烈的碰撞可以促使固體粒子間的電吸引力瓦解。

雖然蔗糖等固體溶質，溶解度受溫度的影響相當大，但有一些固體溶質只受溫度些微的影響，如圖 7.18 所示。這種差別與包括溶質分子的化學鍵強度及分子如何堆疊起來等因素有關。

當飽和溶液從高溫冷卻下來，通常會有一些溶質從溶液中跑出來，形成所謂的 **沉澱**。沉澱發生時，溶質會從溶液中沉澱出來。例

圖 7.18
很多水溶性固體的溶解度，隨溫度增加而增加，另外也有一些不太受溫度的影響。

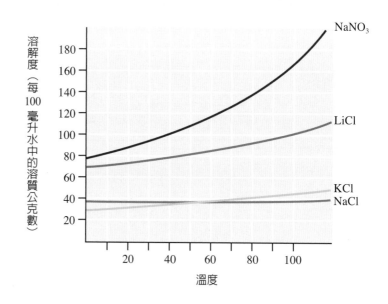

如在100℃時，硝酸鈉（NaNO₃）在水中的溶解度是每 100 毫升水有 165 公克。當我們把它冷卻下來，NaNO₃ 的溶解度就會如同圖 7.18 一樣的下降，溶解度的變化使一些已溶解的 NaNO₃ 沉澱出來。在 20 ℃ 下，NaNO₃ 的溶解度在每 100 毫升水中僅僅有 87 公克。所以如果我們把100℃的溶液冷卻到20℃，就有78公克（165公克－87公克）會沉澱出來，如圖 7.19 所示。

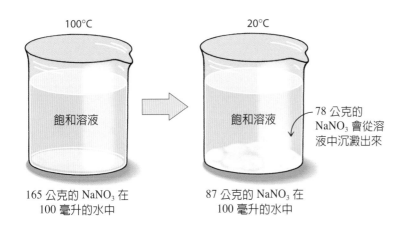

100℃ 20℃

飽和溶液 飽和溶液

78 公克的 NaNO₃ 會從溶液中沉澱出來

165 公克的 NaNO₃ 在 100 毫升的水中

87 公克的 NaNO₃ 在 100 毫升的水中

◁ 圖 7.19

硝酸鈉的溶解度是在 100℃下，每 100 毫升的水為 165 公克，但在 20℃ 下，每 100 毫升的水只能溶解 87 公克。冷卻 100℃ 的 NaNO₃ 飽和溶液到 20℃，會使 78 公克的溶質沉澱出來。

氣體在低溫及高壓下更能溶解

　　與大部分固體的溶解度傾向相反，氣體對液體的溶解度隨溫度的增加而減少，如次頁的表 7.2 所示。溫度增加，溶劑分子的動能也會增加，高能量的溶劑分子會踢開溶質分子，使氣體溶質更難於停留在溶液內。大概你已注意到，溫熱的汽水比冰的汽水容易消氣。高溫使二氧化碳分子離開液體溶劑的速率加快。

表 7.2 氧氣在水中的溶解度與溫度的關係（1大氣壓下）	
溫度（°C）	O_2 溶解度 O_2(公克)/H_2O(公升)
0	0.0141
10	0.0109
20	0.0092
25	0.0083
30	0.0077
35	0.0070
40	0.0065

氣體溶於液體的溶解度，也與液體直接承受的壓力有關。通常液面的氣壓較高時，就會有較多的氣體溶入液體。氣體在高壓時，會有很多氣體粒子擠在一定的體積內。例如，尚未打開的汽水瓶內的「空」間，擠滿了氣相的二氧化碳分子，因為沒有地方可去，很多氣體分子就溶解到液體中，如圖 7.20 所示。換句話說，較大的壓力迫使二氧化碳分子跑入溶液內。當瓶子打開後，高壓的二氧化碳氣體「先頭」就逃出去。現在，液面的氣體壓力降低，二氧化碳的溶解度就降下來，而曾經遭擠入溶液內的二氧化碳分子，開始逃逸到液體上面的空氣中。

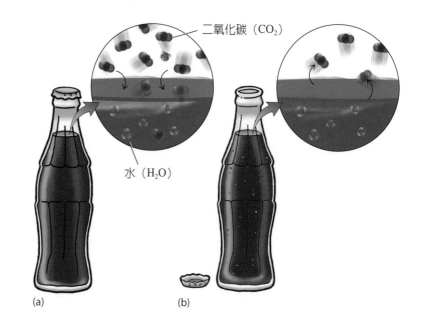

二氧化碳（CO_2）

水（H_2O）

◻ 圖 7.20
（a）未開瓶的汽水瓶，液面的二氧化碳的氣體含有很多緊密堆疊的二氧化碳分子，這些分子受壓擠入溶液內。（b）當瓶子打開後，壓力釋放，原先溶入液體中的二氧化碳分子會逃離液體，進入空氣中。

(a)　　　　　　(b)

汽水開瓶後，二氧化碳分子離開的速率相當慢。要使速率加快，只要加入顆粒狀的蔗糖、食鹽、或沙子就行了。顆粒表面的微小凹凸，可以當作成核處（nucleation site），二氧化碳的氣泡可以在此快速形成，再靠浮力逃逸出去。搖晃飲料會增加液體變成氣體的界面面積，使二氧化碳更容易逃出溶液。溶液受大力搖晃時，二氧化碳的逃離速率會變大，大到使飲料冒出大量泡沫。你把飲料倒入口中時，也在促進二氧化碳逃離的速率，因為嘴裡充滿了成核的地方。這時你會有些微的刺激感。

生活實驗室：晶體痴

如果讓熱的飽和溶液慢慢冷卻，不要去干擾它，溶質可能會一直停留在溶液中。這種結果就是「過飽和」（supersaturated）溶液。蔗糖的過飽和水很容易配成。

■ 請先準備：

小的鍋子、水、糖、鉛筆（長度要超過鍋子的直徑）、細線、秤錘（螺絲或螺帽也可以用）、安全眼鏡（保護眼睛免受熱液濺到）。

■ 請這樣做：

1. 在鍋子內放入水，但不要超過 2.5 公分深，然後加熱直到水沸騰。

2. 把熱度調到中低溫。慢慢倒入蔗糖，小心的攪拌。蔗糖很容易溶於熱水中，準備的糖量，體積要等於或大於起初水的體積。繼續加入蔗糖，直到即使繼續攪拌也不再溶解時。

3. 使溶液再加熱沸騰，同時小心攪拌，幫助在第二步驟中所加的過量蔗糖溶解。不要把加熱器調到高熱，因為高熱會使蔗糖溶液浮出白沫而溢出鍋外。如果蔗糖還不能完全溶解，把溶液

調整到慢速沸騰後，再一次一次加入一湯匙的水。如果調到慢速沸騰後蔗糖溶解了，再加更
多的蔗糖進去，但一次只加一湯匙。理想的情況下，熱的沸騰蔗糖溶液剛好在飽和點之下，
不過如果沒有經驗，恐怕很難做到。

4. 停止再加熱，用細線綁住秤錘，往下放到熱溶液中，用鉛筆橫跨鍋子邊緣，支持住細線，使
秤錘不要碰到鍋底。

5. 靜置混合物大約一個星期，不去干擾它，不過要經常去檢查一下。你會看到大塊的蔗糖晶體
（冰糖），成長在細線以及鍋沿上。靜置得愈久，晶體就愈大。

生活實驗室觀念解析

瀉鹽（$MgSO_4 \cdot 7H_2O$）與明礬（$KAl(SO_4)_2 \cdot 12H_2O$）的過飽和溶液，也可以製成有趣的晶體。晶體的
形狀與物質的離子或分子如何堆疊有關。事實上，物質的特性就看晶體如何形成。結晶學就是研究礦
物晶體以及晶體的形狀與結構。

使用瀉鹽與明礬做實驗時，要注意不同的溶質如何產生不同的形狀的晶體。

觀念檢驗站

你打開兩罐飲料：一罐是從廚房室溫下的櫃子
拿的，另一罐是從冰箱最冷的角落拿的。哪一
罐在你打開喝第一口時，會冒出較多的泡泡？
為什麼？

你答對了嗎？

二氧化碳在水中的溶解度隨溫度的增加而減少，因
此較暖的那一罐會在你口中嘶嘶作響。

非極性氣體易溶於全氟碳化合物

我們討論過，當溶質的粒子間吸引力與溶劑的粒子間吸引力相當時，溶解度會相當好，乙醇與水的例子就是這種情形，氧與某些全氟碳化合物的情況也是如此。比方說過氟萘烷（perfluorodecalin）這種全氟碳化合物，分子中只含有碳與氟原子，且因為分子體積比較大，在室溫下呈液體。氧與過氟萘烷分子都是非極性的，過氟萘烷分子與氧分子會產生感應偶極－感應偶極吸引力。在室溫下，有相當量的氧氣會溶解在過氟萘烷中，如次頁的圖 7.21 所示。

有趣的是，液態全氟碳化合物的氧飽和溶液，含氧量比空氣還多出 20%。當人類或其他動物吸入含氧的全氟碳化合物溶液時，肺部吸氧的情況有如從空氣中吸氧一樣。全氟碳化合物像固態鐵氟龍一樣，都是惰性的，因此全氟碳化合物對肺部幾乎不產生副作用。

目前對全氟碳化合物本身與相關應用的研究正在進行。例如，七個月的早產兒出生後，幾乎不可能呼吸空氣，因為他們的肺還沒發展完全，會像濕的保鮮膜一樣黏成一團。研究者發現，早產兒可以呼吸全氟碳化合物中的氧氣。全氟碳化合物對成年人也一樣有好處，因為當液體流過肺部時，它會帶走長時間累積在肺部的外來物。你最近有沒有清洗過肺部？

全氟碳化合物有另一種令人興奮的應用，就是做為血液的替代品。人造血液的好處有：長時間儲存不會敗壞；也免去了經輸血而感染肝炎或愛滋病（提醒大家，血庫的預防措施做得不錯，目前輸血並不會感染這些這些疾病。這些年來，因為輸血而過世的比例只有 100,000 分之 1，而死於車禍的比例是 7,000 分之 1）。

血庫經常鬧血荒，因此需要可靠的血液替代品。目前捐血人數

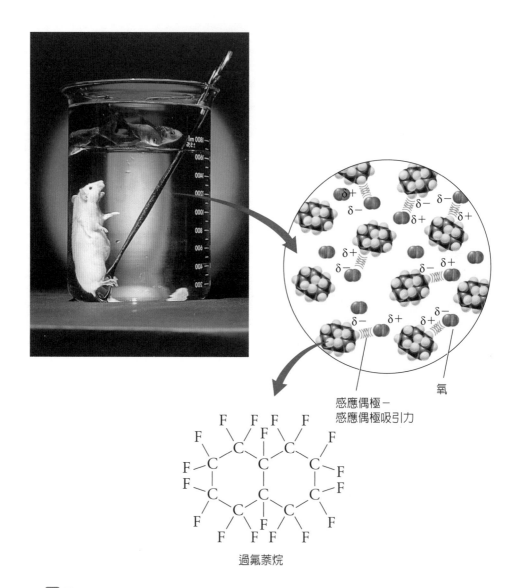

感應偶極－
感應偶極吸引力

氧

過氟萘烷

⬡ 圖 7.21

這隻老鼠呼吸充滿在過氟萘烷中的氧氣，活得好好的。

少於全世界人口數的 5%，而且這個百分比一直在下滑，但需求量卻持續增加，全世界每一年約需要七百五十萬公升的血液。未來三十年，血液短缺的情形會更嚴重。要拿全氟碳化合物當血液替代品還需要經過許多研究，因此捐血仍是很值得做的義舉。

7.4　肥皂同時靠極性與非極性的作用

　　髒東西與油脂作用變成了汙垢。汙垢含很多非極性成分，很難只用水就從手上或衣服上除淨。要移除大部分的汙垢，可以用松節油或三氯乙烷等非極性溶劑，這些溶劑因為有很強的感應偶極－感應偶極吸引力，所以可以除汙去垢。松節油是油漆稀釋劑，在換機油弄髒手時，可以用來溶解手上的汙垢。三氯乙烷可溶於溶劑，做成乾洗劑。乾洗就是把髒衣服用非極性溶劑清洗，不用水就去除難以除去的非極性汙垢。

　　不過，除了用非極性溶劑來洗手或衣服，還可以用肥皂與水這種更怡人的方法來洗滌。肥皂可以去汙，是因為肥皂分子兼具非極性與極性兩種性質。肥皂分子有兩個部分：碳與氫原子構成的非極性長尾巴，以及至少含有一個離子鍵的極性頭：

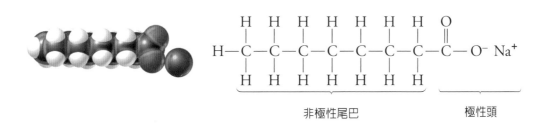

非極性尾巴　　　　　　　　　　極性頭

　　肥皂分子大部分是非極性的，所以要靠感應偶極－感應偶極吸引力，來吸引非極性的汙垢分子，如圖 7.22 所示。汙垢會很快就受肥皂分子的非極性尾巴包圍。通常在清潔過程中，這種吸引力就足以把汙垢從物體表面挑起來。非極性尾巴朝向汙垢，極性頭統統朝向外與水分子以強離子－偶極吸引力作用。如果水是流動的，汙垢與肥皂分子團就會隨水流走，成為汙水，離開手或衣服。

圖 7.22
非極性的汙垢受非極性肥皂分子尾巴的吸引與包圍，而肥皂分子的極性頭與水分子間以離子－偶極吸引力互相吸引，由水分子帶走肥皂－汙垢的結合體。

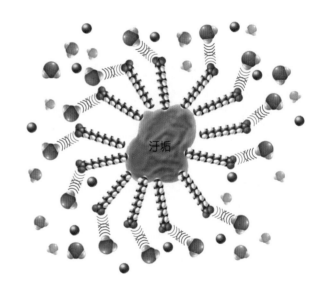

汙垢

　　過去幾世紀來，肥皂都是用動物脂肪以及鹼性的氫氧化鈉（NaOH）作用得來的。這種反應，至今仍在使用，每一個脂肪分子會斷裂成三個脂肪酸的肥皂分子與一個甘油分子：

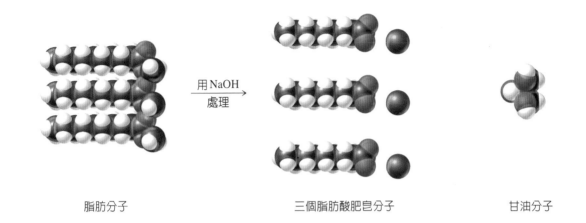

脂肪分子　　　　　　　　三個脂肪酸肥皂分子　　　　　　甘油分子

清潔劑是合成皂

在 1940 年代，化學家開始開發稱為清潔劑的合成肥皂，它有一些肥皂沒有的優點，譬如有較強的油脂滲透力，而且也較便宜。

清潔劑分子的化學結構與肥皂分子相似，都有極性頭與非極性的尾巴。不過，清潔劑分子的極性頭通常含有硫酸根（$-OSO_3^-$）或磺酸根（$-SO_3^-$），而非極性尾巴則有各種結構。

十二烷基硫酸鈉（sodium lauryl sulfate）是常見的硫酸鹽清潔劑，也是很多牙膏的主成分。而常用的磺酸鹽清潔劑是十二烷基苯磺酸鈉（sodium dodecyl benzenesulfonate），是屬於直鏈的烷基磺酸鹽（linear alkylsulfonate）簡稱 LAS，是洗碗精常見的成分。這兩種清潔劑都是生物可分解的，一旦排放到環境中，微生物就可以使分子斷裂。次頁的圖顯示了十二烷基硫酸鈉與十二烷基苯磺酸鈉的分子模型與化學式。

$$CH_3CH_2CH_2CH_2CH_2CH_2CH_2CH_2CH_2CH_2CH_2CH_2-O-\overset{\displaystyle O}{\underset{\displaystyle O}{S}}-O^-\ Na^+$$

十二烷基硫酸鈉

十二烷基苯磺酸鈉

觀念檢驗站

什麼樣的吸引力使肥皂或清潔劑分子可以跟汙垢結合？

你答對了嗎？

如果你還沒想出答案，該再看一次題目。粒子間總共有四種吸引力：離子－偶極、偶極－偶極、偶極－感應偶極與感應偶極－感應偶極吸引力。這裡的答案是感應偶極－感應偶極，因為產生作用的是汙垢與肥皂或清潔劑分子的非極性尾巴，這兩個非極性間的交互作用力。

硬水使肥皂分子的效用減弱

　　如果水中含有大量的鈣、鎂離子時，就稱爲「硬水」，硬水有很多不好的性質。譬如，硬水加熱後，鈣與鎂離子易與水中帶負電的離子結合，形成固體化合物。這種固體化合物會堵塞熱水器與鍋爐，此外你也會在舊茶壺裡，發現這些鈣鎂化合物。

　　硬水也妨礙了肥皂的清潔作用，減弱了清潔劑的作用程度。肥皂與清潔劑的分子帶 1＋的電荷，鈣離子與鎂離子則帶有 2＋的電荷（注意鈣與鎂在週期表上的位置）。肥皂或清潔劑分子的極性端負電荷，與鈣、鎂離子的吸引力強於與鈉離子的吸引力。肥皂或清潔劑分子因此捨棄原有的鈉離子，選擇與鈣與鎂離子結合：

　　肥皂或清潔劑分子與鈣、鎂離子結合後，就很難溶於水，新生成的化合物會從溶液中跑出來，形成渣垢，在浴缸周圍形成的垢環就是這樣來的。因爲肥皂或清潔劑分子會與鈣與鎂離子結合，因此需要更多的清潔劑才能洗淨汙垢。

　　今天很多清潔劑都含有碳酸鈉（Na_2CO_3），也就是所謂的洗滌蘇打。硬水中的鈣離子與鎂離子，較易受碳酸鹽離子的兩價負電荷吸引，而較不受肥皂或清潔劑分子中的單價負電荷吸引。次頁的圖7.23 顯示，鈣離子與鎂離子結合了碳酸根離子，釋出肥皂或清潔

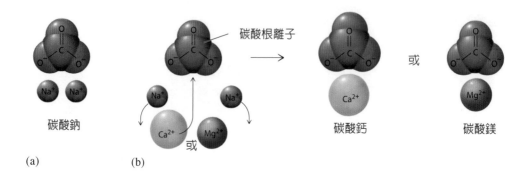

碳酸根離子

或

碳酸鈉

碳酸鈣   碳酸鎂

(a)   (b)

⌂ 圖 7.23

（a）很多清潔劑會加入碳酸鈉做為軟水劑。 （b）硬水中鈣與鎂離子的兩價正離子，與碳酸根離子的兩價負電荷結合力較強，讓清潔劑分子得以進行工作。

劑，使它們可以做原先要做的工作。碳酸鈉除去了使水變硬的離子，因此也稱為軟水劑。

有一些家庭用水的水質太硬，必須先把水軟化。一般的軟水裝置如圖 7.24 所示。硬水先通過一個大槽，裡面填滿不溶於水的小樹脂珠子，即所謂的「離子交換樹脂」。樹脂表面有很多負電荷離子，這些離子上有帶正電荷的鈉離子。當帶了鈣離子與鎂離子的硬水通過樹脂時，鈣、鎂離子就與鈉離子替換，改由鈣與鎂離子與樹脂結合。這是因為鈣離子與鎂離子的正電荷（2＋）大於鈉離子（1＋）的正電荷，對於樹脂的負電荷有較大的吸引力。結果就是每有一個鈣離子或鎂離子與樹脂結合，會有兩個鈉離子釋放出去。樹脂就以這種方法來交換離子。從此裝置流出的水，不再含有鈣離子與鎂離子，其位置由鈉離子替代。

　　到最後，樹脂上所有的位置都由鈣離子與鎂離子填滿，樹脂就要丟棄或再生。再生就是用濃氯化鈉（NaCl）溶液沖洗，用豐富量的鈉離子替換樹脂上的鈣離子與鎂離子（離子再一次交換）。

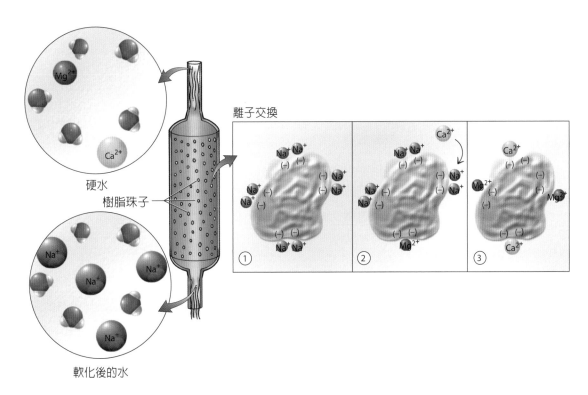

離子交換

硬水

樹脂珠子

軟化後的水

⚟ 圖 7.24
① 離子交換樹脂的負電荷位置原先是由鈉離子占據。② 當硬水通過樹脂時，鈉離子由鈣離子與鎂離子替換。③ 樹脂上的鈣離子與鎂離子達到飽和之後，就不再有軟化水的作用。

想一想，再前進

　　讀到這裡，我們已經要深切瞭解次原子粒子如何組成原子，原子如何構成分子，分子如何以弱的電吸引力互相作用。有了這些基礎之後，你就有足夠的知識來瞭解、體會化學在真實世界中的應用，例如本章最後一節所討論的問題。《觀念化學》的重要目標，就是要讀者瞭解次顯微粒子如何造成巨觀現象。為了達到這個目標，下一章會集中在討論水的巨觀行為，以及個別水分子的性質如何影響這些行為。

關鍵名詞

氫鍵 hydrogen bond：某分子上略帶正電的氫原子，與另一個分子上的非鍵結電子對，產生的強烈偶極吸引力。（7.1）

感應偶極 induced dipole：非極性分子受到鄰近電荷的感應，所形成的短暫偶極。（7.1）

溶劑 solvent：溶液中含量最多的成分。（7.2）

溶質 solute：溶液中溶劑以外的任何組成物。（7.2）

溶解 dissolving：把溶質與溶劑相混的過程。（7.2）

飽和溶液 saturated solution：溶解的溶質達到最大量的溶液。（7.2）

不飽和溶液 unsaturated solution：還可溶解更多溶質的溶液。（7.2）

濃度 concentration：用以表示溶液中的溶質含量。（7.2）

莫耳 mole：即 6.02×10^{23} 個任何東西。（7.2）

莫耳濃度 molarity：濃度單位，相當於每公升溶液中溶質的莫耳數。（7.2）

溶解度 solubility：溶質溶解於溶劑中的能力。（7.3）

可溶 soluble：在溶劑中，溶質溶解的程度達到觀察得到的程度。（7.3）

不可溶 insoluble：無法在某溶劑中，形成可以觀察到的溶解現象。（7.3）

沉澱 precipitate：溶質從溶液中跑出來的作用。

延伸閱讀

1. http://www.google.com

   使用「磁性軟水器」（hard water magnet）做為網路搜尋的關鍵字，可以在網上找到很多網站，宣稱可用磁場防止水管中鈣的累積。機制是磁場會在促使碳酸鈣晶體在水中形成，而不在管路裡形成。但等一下，鈣離子並不會受磁鐵吸引，此種方法真正有效嗎？大膽批判討論一下！

2. http://www.med.umich.edu/liquid/Research.html

   使用「全氟碳化合物」（perfluorocarbon）做為網路搜尋的關鍵字，你找到的參考資料，大部分都是技術文件，很多都是液態全氟碳化合物的醫學與其他用途。列在這裡的網址，有美國密西根大學的「液體暢通計畫」（Liquid Ventilation Program）。在首頁的下面有許多有用的連結。

3. http://www.sugar.org

   在此位址上，糖業協會（Sugar Association）提供了純天然糖的可靠、有科學根據的資訊。這個協會提供的各種糖的營養知識，深為消費者、業界以及媒體所倚重。

第7章　觀念考驗

關鍵名詞與定義配對

濃度	沉澱
溶解	飽和溶液
氫鍵	溶解度
感應偶極	可溶
不可溶	溶質
莫耳濃度	溶劑
莫耳	不飽和溶液

1. _____：是強的偶極－偶極吸引力，由分子中稍帶正電的氫原子施於另一個分子的非鍵結電子對。

2. _____：非極性分子中的暫時性偶極，是受鄰近電荷引發的。

3. _____：溶液中量最多的成分。

4. _____：溶液中不屬於溶劑的成分。

5. _____：把溶質混入溶劑的過程。

6. _____：溶液中包含最大量的可溶解溶質。

7. _____：溶液中還可溶解更多的溶質。

8. _____：溶質在溶液中的定量量測。

9. _____：6.02×10^{23} 個任何東西。

10. _____：濃度的單位，等於每 1 公升溶液中的溶質莫耳數目。

11. ＿＿＿＿：在指定的溶劑中，溶質可溶解的能力。

12. ＿＿＿＿：在指定的溶劑中，可以溶解相當量的溶質。

13. ＿＿＿＿：在指定的溶劑中，溶解量幾乎為零。

14. ＿＿＿＿：從溶液中跑出來的溶質。

分節進擊

7.1　次顯微粒子以電力互相吸引

1. 化學鍵與兩分子間的吸引力，主要的不同在哪裡？

2. 離子－偶極吸引力與感應偶極－感應偶極吸引力，哪一種比較強？

3. 為什麼水分子會受氯化鈉吸引？

4. 離子鍵相當強，離子－偶極吸引力如何能使離子鍵斷裂？

5. 在極性分子中，電子是均勻分布的，還是不均勻分布的？

6. 什麼是氫鍵？

7. 氧分子如何受水分子吸引？

8. 感應偶極是永久的嗎？

9. 非極性原子如何能對另一個非極性原子感應出偶極？

10. 為什麼要對氟原子感應出偶極很困難？

11. 為什麼辛烷（C_8H_{18}）的沸點比甲烷（CH_4）的沸點高出許多？

7.2　溶液是單相的勻相混合物

12. 溶解更多蔗糖到蔗糖水溶液中，溶液的體積會發生什麼變化？

13. 為什麼紅寶石是溶液？

14. 溶質與溶劑有什麼區別？

15. 溶液濃度很高是什麼意思？

16. 飽和溶液與不飽和溶液有何區別？

17. 溶液中溶質的量如何計算？

18. 一莫耳粒子的數目是很大，還是很小？

7.3 溶解度是量測溶質溶解的程度

19. 爲什麼氧在水中的溶解度很小？

20. 乙醇與水之間，用什麼方法互相吸引？

21. 溫度對於固體溶質溶解於液體溶劑的溶解度，有何影響？

22. 溫度對於氣體溶質溶解於液體溶劑的溶解度，有何影響？

23. 過飽和溶液是如何配成的？

24. 兩種材料可以無限的互相溶解是什麼意思？

25. 氧溶於水是靠何種電吸引力？

26. 沉澱與溶質有什麼關係？

27. 氣體溶質溶於液體，溶解度會因溫度增加而減少，爲什麼？

28. 氧分子與過氟萘烷有什麼共同點？

7.4 肥皂同時靠極性與非極性的作用

29. 肥皂分子的哪一部分是非極性的？

30. 水與肥皂是以什麼電吸引力互相吸引的？

31. 肥皂與汙垢是以什麼電吸引力互相吸引在一起？

32. 肥皂與清潔劑有什麼不同？

33. 硬水是因爲什麼成分才成爲硬水？

34. 爲什麼肥皂分子會那麼吸引住鈣離子與鎂離子？

35. 鈣離子與鎂離子比較喜歡與碳酸鈉作用，而不是與肥皂作用，爲什麼？

高手升級

1. 為什麼離子－偶極吸引力比偶極－偶極吸引力強？

2. 氯（Cl_2）在室溫下是氣體，但溴（Br_2）卻是液體，為什麼？

3. 保鮮膜是由非極性分子製成的，可以靠偶極－感應偶極吸引力沾黏在玻璃等極性表面上，但為什麼保鮮膜自己與自己也可以沾黏得很好？

4. 偶極－感應偶極吸引力存在於水分子與汽油分子間，這兩種物質不能互溶，是因為水分子間的吸引太強了。下列哪一種化合物也許可以幫助這兩種化合物相溶成單一的液相：

$$
\text{(a)}\quad H-O-\overset{\displaystyle\overset{H}{|}}{C}-\overset{\displaystyle\overset{H}{|}}{C}-\overset{\displaystyle\overset{H}{|}}{C}-H
$$
$$
\underset{\displaystyle H}{}\;\underset{\displaystyle H}{}\;\underset{\displaystyle H}{}
$$

(b)　$Na^+\ Cl^-$

$$
\text{(c)}\quad H-\overset{\displaystyle\overset{H}{|}}{\underset{\displaystyle H}{C}}-H
$$

5. 解釋為什麼這三種物質，在 20°C 的水中，溶解度會因分子的體積增大而下降，但沸點卻升高：

名稱	物質	沸點／溶解度
甲醇	$CH_3-O{-}H$	65°C，無限
丁醇	$CH_3CH_2CH_2CH_2-O{-}H$	117°C，8 g/100 mL
戊醇	$CH_3CH_2CH_2CH_2CH_2-O{-}H$	138°C，2.3 g/100 mL

6. 1,4-丁二醇的沸點是 230℃，它能不能溶於室溫的水中，請解釋。

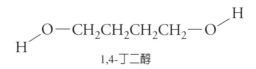

1,4-丁二醇

7. 根據原子大小來判斷，你預期氦（He）還是氮（N_2），哪一個比較能溶於水中？

8. 如果把氮在高壓下泵入你的肺部，會發生什麼情況？

9. 潛水者呼吸的是加壓空氣，以對抗周圍的水施加在身上的壓力。吸入高壓空氣會導致過量的氮溶解於體液中，特別是血液。如果潛水者太快浮出水面，氮氣就會從體液中冒泡跑出來（有如汽水打開後，二氧化碳氣泡冒出來的樣子）。這樣不僅會不舒服，也會產生致命的潛水夫病。為什麼不呼吸空氣，而改吸氦與氧的混合物，可以避免得到潛水夫病？

10. 為什麼惰性氣體可無限溶解於其他的惰性氣體中？

11. 請敘述兩種方法，來鑑別蔗糖溶液是否飽和。

12. 在圖 7.18 中，當溫度提高時，哪一種溶質在水中的溶解度改變最小？

13. 10℃ 時，哪一種溶液的濃度較高：硝酸鈉（$NaNO_3$）的飽和溶液，或是氯化鈉（NaCl）的飽和溶液（參考圖7.18）？

14. 同溫下，化合物 X 的飽和水溶液，濃度高於比化合物 Y 的飽和水溶液，所以化合物 X 比化合物 Y 更易溶於水嗎？

15. 提高溫度時，很多液體溶劑的體積會膨脹，如果使用這種溶劑，溶液溫度增加時，溶液的濃度會發生什麼情況？

16. 為什麼氯化鈉（NaCl）不溶於汽油，試用電吸引力來說明。

17. 《觀念化學 1》的第 3 章提到，原子的同位素只是原子核裡的中子數目不同而已。氫的兩種同位素中，較常見的是沒有中子的氕（protium），較不常見的是有一

個中子的氘（deuterium）。不管是哪一種同位素，都可用來製造水分子。由氘製成的水叫重水，因為它的每一個分子約比由氫製成的水重 11%。你覺得重水的沸點也會比一般的水高 11% 嗎？如果你需要看出這兩種分子的區別，可以畫出這兩種分子圖。

18. 氯化鈉（NaCl）與氧化鋁（Al_2O_3），你預期哪一個會有較高的熔點？為什麼？

19. 氯化氫（HCl）在室溫下是氣體。你認為它容不容易溶於水？

20. 你覺得北極附近的海水或赤道附近的海水，哪裡的海水溶氧量較多？

21. 下列所示的兩種結構，一種是一般的汽油分子，另一種是一般的機油分子。哪一個是汽油，哪一個是機油？用分子間的電吸引力，以及汽油與機油的各種物理性質來解釋你的答案。

結構A

結構B

22. 一個水分子的沸點是多少？為什麼這個問題沒有意義？

23. 說明為什麼乙醇（C_2H_5OH）易溶於水，但二甲醚（CH_3OCH_3）卻不，雖然二甲醚的原子數目及種類都與乙醇一樣？

乙醇　　　　　二甲醚

24. 爲什麼大部分的離子化合物，熔點都比大部分的共價化合物高很多？

25. 有一位發明家聲稱開發了一種很持久的香水，原因是它不會揮發，你對他的說法有何意見？

26. 有需要用肥皂來除去手上的鹽類嗎？爲什麼？

27. 一壺自來水在爐上煮沸時，經常會看到先形成氣泡，之後才達到沸點。說明這種現象。

28. 如果養魚的水煮沸過再冷卻到室溫，魚無法在這種水中活太久，爲什麼？

29. 爲什麼想減少鈉離子攝取量的人，不適於飲用圖7.24的軟水器處理過的水？

思前算後

1. 蔗糖水溶液的濃度是每 1 公升溶液有 0.5 公克的蔗糖。那麼 5 公升蔗糖水溶液中有多少蔗糖（以公克表示）？

2. 要配製濃度爲每 1 公升溶液中有 3.0 公克氯化鈉的溶液 15 公升，需要多少公克的氯化鈉？

3. 如果把水加到含有 1 莫耳的氯化鈉燒瓶中，直到溶液體積變成 1 公升，那麼這個溶液的莫耳濃度是多少？如果把水加到有 2 莫耳氯化鈉的燒瓶中，製成 0.5 公升的溶液，它的莫耳濃度又是多少？

4. 有一位學生要用 20 公克的氯化鈉配製水溶液，調配出的濃度要爲每 1 公升溶液中有 10 公克的氯化鈉。假定 20 公克氯化鈉的體積是 7.5 毫升，那她需要用多少水來配製這個溶液？

08

奇妙的水分子

這個世界沒有水的話,我們也無法生存了。

我們在這一章會探討水的許多奇妙特性,

例如冰為什麼會浮在水面上?

海水又如何調節南北極的氣候?

這一切都與水分子的性質有關,我們抽絲剝繭,

一節節來探討水分子吧!

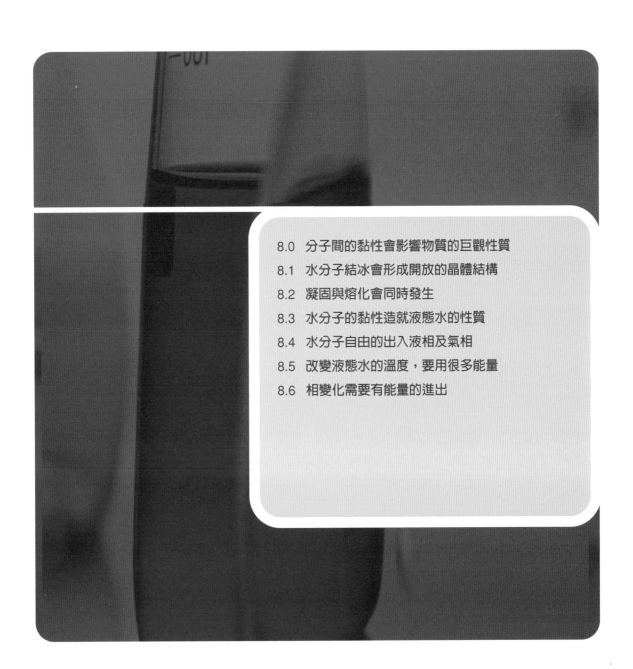

8.0 分子間的黏性會影響物質的巨觀性質

人是水做的，誕生在有水的世界，而且要靠水生活。我們可以一個月不吃，但是幾天不喝水就死了。只要知道身體有百分之六十的體重都是水組成的，就一點都不會覺得奇怪了。水是輸送營養物質到全身的理想溶劑，也支援無數生化反應，使你存活，我們知道的所有活組織都倚靠水。水是我們星球的生命介質，也是我們最重要的天然資源。

水在我們的生活中如此常見，它的很多不尋常性質很容易讓我們給忽略。例如，水是我們星球表面上，唯一在固體、液體與氣體三態中，含量都很豐富的化學物質。而且水的另一項特性就是能對抗溫度的變化。所以水在身體裡面可以調節體溫，就像海洋可以調節全球的溫度一樣。水可以抵抗溫度的變化，所以想燒開一壺水，要費挺久的功夫。祭神時的過火者在踏進火熱的煤炭前，要先在潮濕的草地上走幾回。再說一項水的性質，水不像其他液體一樣從下開始往上凍結，水是由上往下凍結的。用化學家專業的眼光來看，水不僅不平凡，反而充滿神奇與獨特。

幾乎水的所有奇妙性質都是因為水分子間可以用電吸引力互相緊緊的抓住。我們已在前面說這種吸引力是氫鍵，發生在水分子的氫原子正電端以及另一個水分子的氧原子負端之間。在本章中，我們將發掘水的物理性質，也要深入探討水分子的「黏性」，以及「黏性」的影響。首先討論的是固態水（冰）的性質，然後是液態水，而最後來看看氣態水，也就是水蒸氣。

8.1　水分子結冰會形成開放的晶體結構

　　經驗告訴我們，不要把水裝瓶密封後放到冰箱冷凍。我們知道水在冷凍時會膨脹，它若受限在瓶子裡，冷凍的水向外膨脹時力量強大，搞不好會震碎玻璃造成危險，或使瓶蓋跳開，如圖 8.1 所示。水冷凍時之所以會膨脹，是水分子排成了六邊形的晶體結構，占據較大的空間。如圖 8.2 所示，定量的水分子在液態時，靠得較緊密，占有固定的體積。然而水分子的冰晶結構，體積比液態水要大。冰的密度不像水那麼大，所以冰會浮在水面上。（有趣的是，水變成冰時所增加的體積，等於浮在水面上冰的體積）。

　　這種因冷凍而膨脹的例子很少。大部分的原子與分子在冷凍成固體時，體積都比液相時要小（次頁圖8.3）。

🏠 圖8.1
在瓶內水冷凍的膨脹會使瓶蓋掀開。

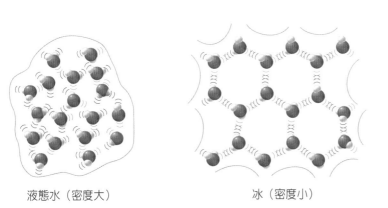

液態水（密度大）　　　　　冰（密度小）

🏠 圖8.2
水分子在液相中排列得比在固相中緊密，在固相中形成了開放的晶體結構。

H₂O 分子的六角形冰晶結構有一些有趣的效應。大部分的雪花是六角形的，這是微觀的分子幾何所造成的巨觀效應。

施壓到冰上會造成開放空間崩塌，使少量的冰轉化成水。這種

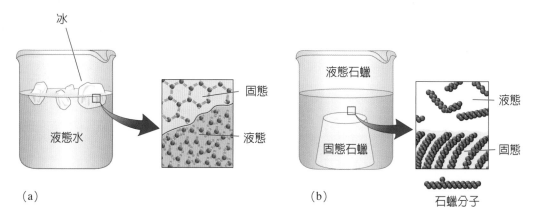

(a)　　　　　　　　　　　　　　　　　　(b)

📖 圖8.3

(a) 因為水冷凍時會膨脹，冰的密度小於水，所以會浮在水面上。

(b) 像大部分的材料，石蠟在固相時比在液相時緊密，所以固態石蠟會沉下到液態石蠟底下。

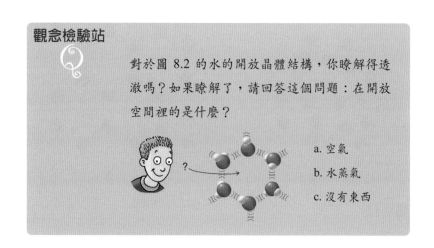

觀念檢驗站

對於圖 8.2 的水的開放晶體結構，你瞭解得透澈嗎？如果瞭解了，請回答這個問題：在開放空間裡的是什麼？

a. 空氣

b. 水蒸氣

c. 沒有東西

你答對了嗎？

A

如果空間裡有空氣的話，圖 8.2 就會顯示出空氣的組成分子，像是 O_2 與 N_2 等，這些分子的大小與水分子差不多。若有水蒸氣的話，就會顯示出彼此離得相當遠的自由水分子。在這裡顯示的開放空間裡沒有東西，純粹是空的。所以答案是 c。

效應是暫時的，一旦壓力去除後，水又凍成冰了。溜冰者的冰刀所施的壓力足夠產生一層水薄膜，使冰刀在冰上滑溜，如圖 8.4 所示。（冰刀摩擦生成的熱也造成了熔化。）溫度低於 0℃ 時，冰中的水分子緊緊的維持六角形結構，壓力並不會造成明顯的熔化現象。因為如此，在極冷的天氣下溜冰刀，無法溜得很好。

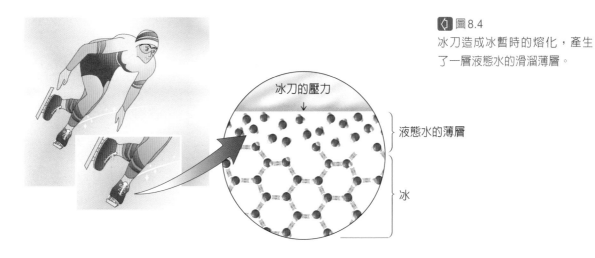

◁ 圖8.4
冰刀造成冰暫時的熔化，產生了一層液態水的滑溜薄層。

生活實驗室：切割冰塊

金屬線通過冰塊的原理，跟溜冰的原理相同。

■ 請先準備：

冰磚；撐得住冰塊的木條；兩隻直背椅子；約 1 公尺長的細金屬線（最好是銅線）；兩個重吊
錘，如啞鈴或塑膠牛奶瓶（裝滿水）。

■ 請這樣做：

1. 用塑膠容器裝水冷凍結冰（塑膠容器的大小，要符合所需）。想製出透明純淨的冰，要使用經
   過沸騰後的冷水。

2. 在細線的兩端各吊一個重錘。

3. 把平板橫跨在兩隻椅背之間，平板的兩端各靠在一隻椅背上。

4. 把冰塊放在平板上，再把細線垂如圖所示掛在冰上。細線下方的冰因受到細線施加的壓力而
   熔化。在細線上方熔融的冰會再結成冰，使向下移動的細線陷入冰中。

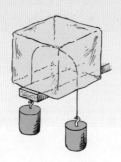

5. 幾分鐘後，這條細線會一路通過冰塊。細線通過後，用槌子敲打冰塊，看它會在哪裡斷裂。
   （在沒有冰箱以前，都用這種方法把大冰塊切成廚房冰櫃所需的冰塊大小）。

如果用繩子代替細線，你想會發生什麼狀況？

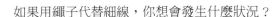 生活實驗室觀念解析

水裡通常溶解了相當量的空氣。水凝固時，這些空氣會從溶液中跑出來成為氣泡，使冰成混濁狀。有趣的是，液態水在冰盤中是從方格的邊緣開始凝固的。溶解的氣體因此會給推擠向方格的中心，最後就在那兒凝固。這就是為什麼冰塊的邊緣清澈而中間混濁。剛煮沸的水中，僅溶有少量的空氣，可以製出清澈透明的冰塊。

這個活動以第 8.6 節的觀點來看，非常有趣。注意相變化發生的地方：細線下的冰熔化，而線上方的液態水重新凝固。當緊鄰細線上方的液態水凝固時，水就放出能量。會放出多大的能量呢？這能量足夠熔化緊接細線下的等量的冰。這個能量必須經由細線來傳導。因此，這個實驗必須使用導熱良好的細線。棉線導熱不良，不適合用來做此實驗。

溜冰的人都知道，冰刀愈利愈好溜。銳利的冰刀與冰接觸的表面積較小，因此施加的壓力較大。同樣的，切割冰塊時用細線會比粗線來得容易，不過細線比較脆弱，可能會因為無法負荷秤垂的重量而斷裂。

8.2 凝固與熔化會同時發生

在《觀念化學 1》的第 1.7 節中講到，「熔化」是物質從固體變成液體，「凝固」是物質從液體變成固體。當我們從分子的角度來看這些過程，看到熔化與凝固是同時發生的，如次頁的圖 8.5 所示。

水的熔點與凝固點都是 0℃。在 0℃，液相的水分子移動得非常慢，易於凝集成晶體，達到凝固。不過，在 0℃，冰中的水分子也

▷ 圖8.5
0℃ 時，冰晶同時得到與失去水
分子。

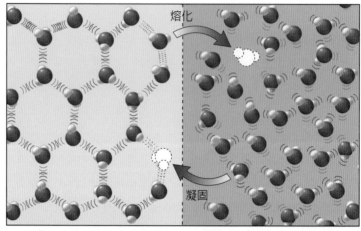

冰　　　　　　　　　　　液態水

熔化

凝固

振動的水分子固定在晶體結
構中。

接近冰點時，水分子的移動
就變慢。

會盡力振動，比更低溫時振動得更厲害，很多水分子從晶體中釋放
出來形成液態水，進行了熔化。因此熔化與凝固是同時發生的。

　　對水而言，0℃ 是很特別的溫度，在這個溫度下，冰形成的速
率等於液態水形成的速率。換句話說，此時熔化與凝固這兩種相反
的過程會互相平衡。也就是說，如果冰與液態水一直維持在 0℃，
這兩種相可以永遠共存下去。

　　若想要使 0℃ 的冰與液態水混合物能凝固成固體，那麼形成冰
的速率就要高些，也就是要去除熱能，而這個過程有利於氫鍵的形
成。如圖 8.6 所示，水分子靠近形成氫鍵時，會釋放出熱能。為了使
分子保持以氫鍵聯結，釋出的熱能必須去除，否則熱能會再受分子
吸收，分子會再分離。因此移除熱能可以讓氫鍵形成後維持不變，
這樣冰晶才可能長大。

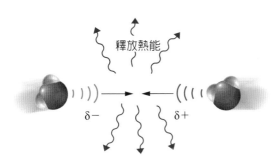

圖8.6
當兩個水分子互相靠近形成氫鍵
時，相吸的電力使它們加速靠在
一起。結果動能（運動的能量）
增加了，這個動能從巨觀的尺度
看來就是熱能。

　　同樣的，我們也可以使 0℃ 的冰與液態水混合物完全熔化，只要加入熱能就會使水分子間的氫鍵斷裂，如圖 8.7 所示。因為水分子間的氫鍵斷裂得愈多，冰晶就愈易熔化。

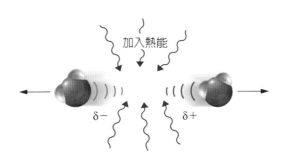

圖8.7
加入熱能才能使以氫鍵相連的兩
個水分子分開。熱能可以使分
子振動得很快，導致氫鍵斷裂。

　　溶質會阻止晶體的形成。在第 7.2 節我們曾學到，溶質（如食鹽或蔗糖）加到水裡，溶質分子也會占有空間。因此把溶質加到 0℃ 的冰與液態水混合物中，溶質分子會減少液態水分子在固體與液體

界面上的數目,如同圖 8.8 所示。因為可形成冰晶的液態水分子變少,冰晶的形成速率就降低了。冰是相當純的水型態,從固相變成液相的分子數目,並不受溶質的影響。把正逆兩個方向加起來會發現,水分子離開固相的速率高於回到固相的速率。但是只要溫度降到 0°C 以下,可以消弭這種不平衡的現象。在較低的溫度下,液相水分子移動得很慢,比較有時間進行結合,晶體形成的速率因此會增加。

一般而言,加任何東西到水中會降低冰點。防凍劑就是這種過程的實際應用。結冰的道路要灑上鹽巴,也是這個道理。

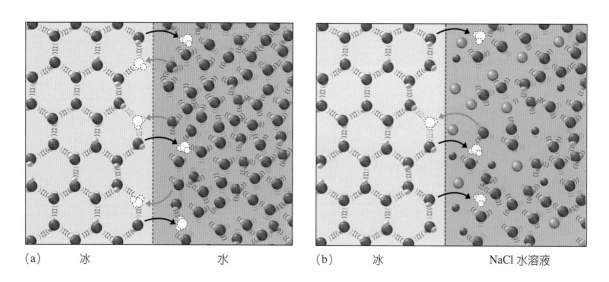

(a) 冰　　　　　　　水　　　　　　　(b) 冰　　　　　　　NaCl 水溶液

🏠 圖8.8

(a) 0°C 時,在冰與液態水的混合物中,H_2O 分子跑進固相的數目,等於 H_2O 分子跑進液相的數目。 (b) 如果加入氯化鈉等溶質,就會減少 H_2O 分子跑進固相的數目,因為現在在界面上,液態水分子的數目較少。

觀念檢驗站

在交通狀況正常的某一天裡，某停車場車輛的進出速率剛好一樣。如果在停車場附近街道的交通突然產生變化，有一半的車子是卡車與大轎車，這些車子因車身太大，無法進入停車場停車，那麼車子進入停車場的速率會變得如何？如果這種情況持續幾個小時的話，車子停在停車場的數目會變成怎樣？這種情境與溶質加到 0℃ 的冰與液態水混合物中，有哪些相同處？

你答對了嗎？

街上的車子愈少，車子進入停車場的速率就愈小，但車子離開停車場的速率，開始時仍維持一樣。到後來，空的車位愈來愈多，停車場車子的數目漸漸減少。這種情境相似於冰與水的例子，因為溶質粒子（卡車與大轎車）降低了液態水分子（進來的車子）接觸冰（停車位）的數目，所以水分子（車子）進到冰（停車位）的速率就逐漸降低。冷凍過程就停住了（進到停車場的車子愈來愈少），但熔化仍然持續著（車子離開停車場的速率一樣）。

水在 4°C 時密度最高

物質的溫度增加時，它的分子振動得愈快，且通常相互間的距離會愈來愈遠，因此物質會膨脹。除了一些例外，所有的物相（固相、液相與氣相）都會受熱膨脹，冷卻收縮。在很多情形下這些體積的改變並不怎麼引起注意，但仔細觀察的話，是常常可以看到的。例如電話線在炎熱的夏天比起寒冷的冬天，來得長且鬆垂。玻璃瓶的金屬蓋用熱水沖過後，會因受熱而鬆脫，如果玻璃的某部分受熱或冷卻得比鄰近部分快，玻璃會因為膨脹或收縮而碎裂。

水在任何相中，都會因溫度的升高而膨脹，因溫度的降低而收縮，冰、液態水與水蒸氣，這三態都一樣。不過，液態水在接近冰點時卻是例外。就像別的液體一樣，液態水在 0°C 時可以流動，但 0°C 已冷得足以形成小冰晶。這些冰晶的體積比液態水「腫大」一點點，如圖 8.9 所示。當溫度超過 0°C 時，小晶體會陸續崩垮，使液態水的體積減少。

📄 圖 8.9
在 0°C 左右，液態水中含有冰晶。冰晶的開放結構使水的體積稍微大些（相較於沒有晶體存在時）。

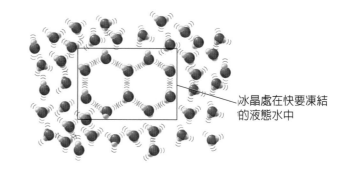

冰晶處在快要凍結
的液態水中

　　次頁的圖 8.10 顯示在 0℃ 至 4℃ 之間，液態水在溫度增加時體積會收縮。不過，這種收縮只持續到 4℃ 時。水在冰點附近時若受熱會由於分子運動的增加而使水膨脹。在 0℃ 至 4℃ 之間，水的體積減小是因為冰晶的崩垮，這種影響大於水快速運動造成的體積增加，導致體積持續減少。當溫度剛好超過 4℃ 時，因為大部分的冰晶都已經崩垮了，因此膨脹的效應超過收縮效應。

　　所以，液態水在 4℃ 有最小的體積與最大的密度，是因為微小冰晶的崩垮效應。（《觀念化學 1》第 1.8 節指出，「密度」是樣品的質量除以體積）。依照定義，1 公克的液態純水在 4℃ 時，體積為 1.0000 毫升。如圖 8.10 所示，1 公克的液態水在 0℃ 時，體積稍大，為 1.0002 毫升。與之比較，1 公克冰的體積為 1.0870 毫升。從圖 8.10 右上的小圖可以看出，1 公克冰的體積一直比 1.08 毫升多些，甚至在 0℃ 以下時也是一樣。意思是當冰冷至冰點以下，密度還是不及液態水。

　　雖然液態水的密度，在 4℃ 僅比在 0℃ 時稍大一些，但這個微小差異對大自然的影響卻很深遠。想一想，如果水跟其他的液體一樣，在冰點時密度最高，池塘裡的最冷的水就會在沉在池底，池塘結冰時也會從底下開始往上結冰，在寒冷的冬天裡會摧毀水中的生命。還好，這種情形並不會發生。

　　冬天時，水溫下降，水的密度也跟著增大。不過，池塘裡的水並不會馬上全部變冷。水表附近的水因為直接接觸冷空氣，所以會先冷卻。水表的水比下方的水還要冷，因此密度較大而會下沉，而較暖的底層水會上升到表面，新的表面水又受空氣冷卻，密度增加而下沉，又有較溫暖的下層水浮上來取代。這種過程一直持續，直到整體的水冷卻到 4℃。接著，如果空氣的溫度在 4℃ 以下，表面

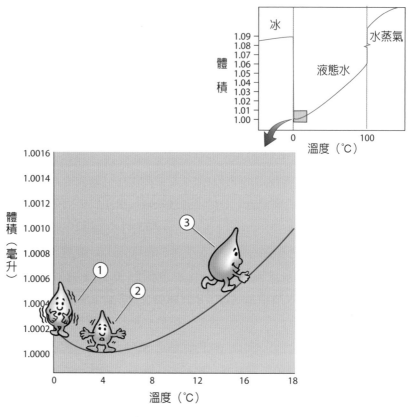

①4℃ 以下的液態水會與冰晶一起膨脹。

②加熱後，晶體崩垮，液態水的體積稍微變小

③超過 4℃ 後，液態水受熱會膨脹，是因為分子運動增大。

⚠圖 8.10

在 0℃ 到 4℃ 之間，液態水的體積會因溫度的增加而減少。超過 4℃ 之後，
水的行為便與其他物質無異：體積會因溫度增加而增加。這裡所示的體積是 1
公克的水。

的水也會冷到 4℃ 以下，不過，此時表面的水就不再下沉了，因爲4℃ 以下的表面水，密度小於下方較高溫的水，因此較冷而密度較小的水就停留在水面，一直變冷下去，甚至到 0℃ 而變成冰。冰在水面形成時，需要在液態水中存活的生物，能快樂的在冰下面「較溫暖」的 4℃ 液態水中游泳，如圖 8.11 所示。

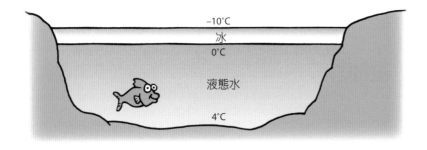

圖8.11

水冷卻到 4℃ 時會下沉，但當表面的水冷卻到 4℃以下時，會浮在水面且可能結冰。只有在表面的水完全結成冰，整個池塘的水溫才可能降到 4℃ 以下。不過，這種情形並不容易發生，因爲表面的冰隔絕了下方液態水與冷空氣接觸的機會。

水垂直移動產生的垂直水流是很重要的效應，它對水中的生物很有益，能輸送含較多氧的表面水到底層，而讓含較多養分的底層水到表面。海洋生物學家把水與養分的這種垂直循環稱爲「上湧作用」（upwelling）。

即使在最冷的冬天，深層的淡水也不會結冰。這是因爲如果深層水要結冰，那麼在表面的水降至 4℃ 以下之前，所有的水必須先冷到 4℃，就如上面敘述的一樣。但冬天的長度，還不足以使這種情況發生。

如果池塘裡只有一部分的水達到 4℃，這些水會沉到池底。因爲水有能力抵抗溫度的改變（見第 8.5 節），且導熱性很差，寒冷地區的深水底層，溫度會全年都維持在 4℃。

8.3 水分子的黏性造就液態水的性質

在本節中,我們要探討液態水分子間如何以**內聚力**相互作用。內聚力是單一種物質分子間的吸引力。對水來說,內聚力指的就是氫鍵。我們也會探討,水分子如何與其他極性材料(如玻璃)經由**附著力**相互作用。附著力是兩種不同物質分子間的吸引力。

在水中,內聚力與附著力的作用是動態的。使水在玻璃上聚集成水滴的,不是某一組水分子,而是那滴水中的無數個水分子統統輪流與玻璃表面黏結。你研讀本節的文字或圖表時,要把這點謹記在心,這些文字或圖表雖然提供了訊息,但也只敘述某個停格片段的訊息。

液態水的表面如同彈性薄膜

　　把乾的迴紋針輕輕的放在某個靜止的水面上。如果你夠小心的話，迴紋針會停留在水面，如同圖 8.12 所示的。為什麼會這樣？迴紋針不是通常都會沉到水底嗎？

　　首先，你會注意到迴紋針不像船一樣會吃水，而是浮在水面上的。近看圖 8.12，可以看出迴紋針真的是浮在水面上。水面因為承受迴紋針的重量而稍微凹陷，就像小孩的重量會把彈簧墊壓下去一樣。液體表面的這種彈性傾向稱為**表面張力**。

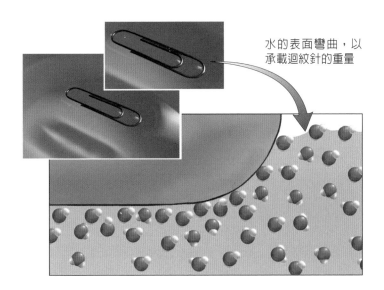

水的表面彎曲，以承載迴紋針的重量

圖 8.12
迴紋針停在水面，只把水面稍微向下壓，但並不沉下去。

表面張力是氫鍵引起的。如圖 8.13 所示,在水面之下的每一個水分子,都受鄰近分子的吸引,而且是每一個方向都有,不會特別指向哪一個方向。水面上的水分子,只受隔鄰的分子向旁邊或向下方拉,並沒有受到向上的拉力。這些分子吸引力整體的效果,就是把表面的水分子拉向液體裡。這種把表面分子拉向液體裡的**趨勢**,會使液體表面積達到最小,所以液體表面就如同繃緊的彈性薄膜一樣,使得輕的物體(如迴紋針)不會刺穿表面,而浮在表面上。

表面張力使液滴成為球形。雨滴、油滴、熔融金屬的金屬滴,統統都是球形的,因為它們的表面想要收縮,達到最小的表面積。體積一定時,球形的表面積最小。在繞地球的太空梭內是無重量的環境,因此水滴自然會成為球形,如圖 8.14 所示。我們再回到地球

圖8.13
表面的水分子僅受鄰近分子向旁邊及向下拉的力。但在水面下的水分子,則受到各方向大小一致的拉力。

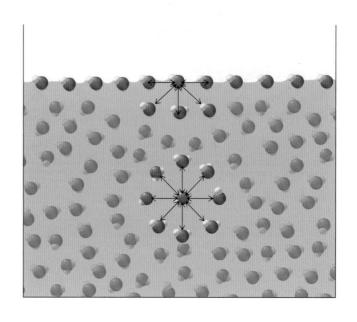

◁ 圖8.14
（a）表面張力使自由浮動的水滴
形成球形。（b）在物體表面上
的小水滴也應該是球形的，但因
為受到地心引力的影響，而給壓
扁了。

(a)   (b)

上，蜘蛛網上或植物長滿絨毛的葉子上的霧滴與露珠，也是球形的，只不過因為受到地心引力的影響，才使它們有些變形。

水分子間的氫鍵相當強，所以水的表面張力大於其他常見液體的表面張力。不過，如果加了肥皂或清潔劑，水的表面張力會大幅的減小。次頁的圖 8.15 顯示，肥皂或清潔劑分子易集結在水的表面上，並使它們的非極性尾巴避開水分子。在水面上，清潔劑分子干擾了相鄰水分子間的氫鍵，因此減低了水的表面張力。擺一個金屬迴紋針在水面上，然後在幾公分之外，用一根沾有濕肥皂或塗有清潔劑的細棒觸及水面，你將會發現，水的表面張力馬上就遭破壞。

水的強表面張力使水不易沾濕有非極性表面的物料，如蠟質樹葉、雨傘與剛打完蠟的汽車，在這些表面上，水會傾向於形成水珠。如果我們要的就是排斥水的效應，這就很理想。不過，如果想要做清潔用途時，就要使物體盡量沾濕，所以這也是肥皂與清潔劑的另一項作用：破壞水的表面張力，增進水沾濕表面的能力。如果水能很快滲透骯髒的衣料與碗盤上的汙垢，就能更有效的進行清洗。

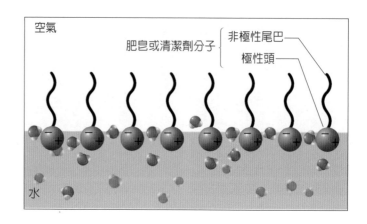

圖 8.15
肥皂與清潔劑的分子在液態水面上會有特定排列,使它們的非極性尾巴避開水的極性。這種排列破壞了水的表面張力。

空氣

肥皂或清潔劑分子 { 非極性尾巴 / 極性頭

水

毛細作用受附著力與內聚力的交互影響

　　玻璃是極性物質,所以玻璃與水之間有附著力。這些附著力相當強,靠近玻璃容器內表面的很多水分子會相互競爭要與玻璃作用。它們搶著從玻璃內表面爬升到水面上。細看圖 8.16 中玻璃管內有顏色的水,你會發現水面呈彎曲狀,且會沿玻璃內壁向上竄。我們稱這種彎曲的水面(或任何液體的表面)為**彎月面**。

圖 8.16
水與玻璃間的附著力,使水分子沿玻璃內壁匍匐向上,形成彎月面。

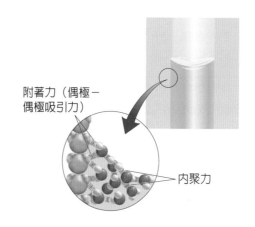

附著力(偶極－偶極吸引力)

內聚力

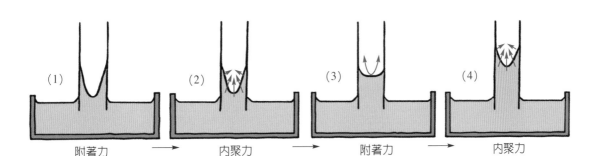

🏠 圖 8.17

在細玻璃管中，水因為受附著力與內聚力的互相影響，所以會給向上拉。

　　圖 8.17 顯示了小口徑玻璃管放到水中的情形。（1）起初由附著力造成相當陡的彎月面。（2）彎月面形成後，水分子間的內聚力就回應這種改變，盡量使彎月面的表面積達到最小，結果使管內的水平面上升。（3）之後附著力又再造成另一個陡峭的彎月面。（4）然後內聚力的作用又使彎月面「回平」。這種循環一直持續，直到向上的附著力等於管中上升的水的重量。這種由於附著力與內聚力間相互競爭造成的液體的上升，稱為**毛細作用**。

　　口徑約為 0.5 毫米的管子，水上升得稍微比口徑 5 公分的管子高一些。管子的高度一定時，口徑愈小的，體積愈小，重量也愈輕，所以水會上升得愈高，如圖 8.18 所示。

　　毛細作用產生了很多現象，如油漆刷浸到水中，水會因毛細作用，由刷毛間的窄縫上升。把頭髮浸入水裡，水會一路濕到頭皮，道理也是一樣的。這也是燈油由燈芯向上爬升，浴巾一端浸到水、水會往浴巾上爬的原因。把方糖的一端浸到咖啡裡，整塊方糖馬上

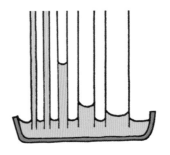

🏠 圖 8.18

毛細管柱。管子的口徑愈小，液體上升得愈高。

就浸濕了。發生在土壤顆粒的毛細作用很重要，它可以把水分帶到植物的根上。

8.4 水分子自由的出入液相及氣相

水分子在液相中以各種速度向各方向移動。這些分子有的會到達液面，如果動得夠快的話，可能會擺脫氫鍵，進入氣相。在《觀念化學1》的第 1.7 節中，分子由液相變成氣相的過程，稱爲蒸發（有時也稱爲氣化）。蒸發的相反就是凝結，凝結是由氣體變成液體的過程。無論是在什麼水面上，水分子都會持續的由一個相跑到另一個相，如圖 8.19 所示。

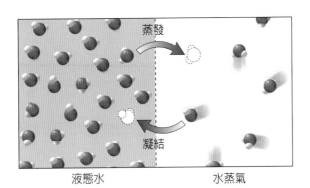

蒸發

凝結

液態水　　　　　　水蒸氣

◁ 圖 8.19

水分子不斷進出液相與氣相相接的水面。

　　蒸發的分子離開液相時，也帶走了它們本身的動能，所以留在液體中的分子，平均動能會降低，如次頁的圖 8.20 所示。蒸發也會使周圍的空氣冷卻，因為液體分子進到氣相後，與在空氣的分子相較，移動得較慢。這是有道理的，因為這些新來的分子離開液相時，用了相當多的動能來克服氫鍵的束縛。這些慢速分子進到環境中，會顯著的降低空氣組成分子的平均動能，所以空氣就冷卻了。不管從哪一方面看，蒸發都是一種冷卻過程。

　　當水冷卻時，蒸發速率會愈來愈慢，因為有足夠能量克服液相中氫鍵的分子會愈來愈少。不過如果水與溫暖的表面接觸（例如你的皮膚）的話，仍可維持較高速率的蒸發，此時你的體熱會流到水中，這樣水可以維持在較高的溫度，使蒸發能以較高速率進行。這就是為什麼，你在弄濕後等身體變乾的過程中，會覺得發冷：你把體熱提供給了需要能量的蒸發過程。

　　當你的身體過熱時，汗腺就會出汗，出汗的蒸發作用會使你冷卻，幫助維持穩定的體溫。很多動物，因為沒有汗腺，只好用其他

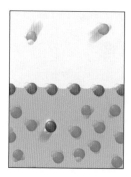 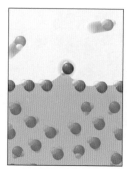 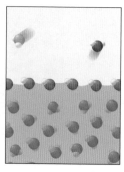

圖8.20
蒸發是一種冷卻過程。

①液態水的分子，有足　②當液態水失去高速運　③水分子進入氣相時，
夠的動能克服水面的　　動的水分子時，液態　　在擺脫液面的氫鍵時
分子間氫鍵。　　　　　水會冷卻。　　　　　喪失了動能。空氣會
　　　　　　　　　　　　　　　　　　　　　　因接收這些慢速移動
　　　　　　　　　　　　　　　　　　　　　　的氣體粒子而冷卻。

的方法來冷卻自己，例如狗只有在趾縫間有汗腺，因此用喘氣來使
自己冷卻，蒸發就發生在嘴巴與氣管之間，此外豬也沒有汗腺，不
能用出汗的蒸發來冷卻。替代的方法是在泥中打滾來冷卻自己。

　　溫水會蒸發，冷水也同樣會蒸發，差別僅是冷水蒸發得較慢，
事實上，即使是凍結的水也會「蒸發」，這種形式的蒸發，分子會直
接從固相跳到氣相，稱為**昇華**。因為水在凍結時，分子給緊緊抓在

觀念檢驗站

如果水的「黏性」變小，那麼你身體上的水蒸
發時，你會覺得更涼還是不太涼？

你答對了嗎？

水分子僅在有足夠動能克服氫鍵時，才能離開液相。氫鍵使水有黏性。水的黏性變小，是指它的氫鍵比應有的弱。在固定的溫度下，會有更多的液相分子有足夠的動能克服較弱的氫鍵，進到氣相中，同時把熱帶離液體，水蒸發時的冷卻力會因此較大。所以如果物質的「黏性」較小，像是酒精等，在蒸發時，會有相當的冷卻效果。

固相裡，冰把水分子釋放到氣相中，並不像釋放到液相中那麼容易。不過，昇華說明了雪與冰為什麼會有大量的損失，特別是有陽光、乾燥的山頂上，冰雪消失的情況特別明顯。這也能解釋，為什麼冰塊在冰箱冰存過久時，體積會變小。

在任何水體的表面，都有凝結與蒸發發生，如圖 8.19 所示。當慢速移動的水蒸氣分子，經碰撞而黏在液態水面時，就發生了凝結。快速移動的水蒸氣分子碰到水面時，會傾向互相彈開或彈出液體表面，只喪失少部分的動能。只有最慢速的氣體分子會凝結到液相中，如次頁的圖 8.21 所示。此時會釋出能量而形成氫鍵。液體會吸收釋出的能量，使溫度升高。因為凝結會移除氣相中慢速移動的水蒸氣分子，剩下的水蒸氣分子，平均動能因此會增加。也就是說水蒸氣會變熱。不管從哪一方面來看，凝結都是加溫的過程。

水蒸氣凝結時放出熱能，所造成加溫的情況如果發生在人的身上，一定痛苦萬分：不小心給 100℃ 的蒸氣燙到的話，會傷得比給

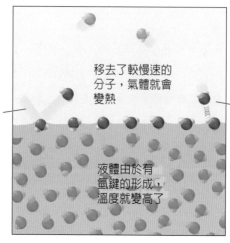

快速移動的
水蒸氣分子
從液體表面
彈出

移去了較慢速的
分子，氣體就會
變熱

慢速移動的
水蒸氣分子
黏到液體表
面上

液體由於有
氫鍵的形成，
溫度就變高了

圖8.21
凝結是一種加溫過程。

100℃ 液態水燙到還厲害。水蒸氣在凝結成液體時，會放出相當大
的能量，並變成液體弄濕皮膚。

我們大氣中的水蒸氣在凝結時也會放出能量，這是颶風等很多
天氣系統的能量來源。颶風從熱帶潮濕空氣裡的水蒸氣凝結得到大
量的能量，如圖 8.22 所示。在 2.59 平方公里的區域，降下 2.54 公分
的雨量，產生的能量相當於 32,000 噸的炸藥。

你淋浴後會感到暖和，即使洗冷水浴也一樣，因為水蒸氣在浴
室冷凝，釋出熱能。你踏出浴簾外，很快就感受到溫差，會像圖
8.23 的傢伙一樣發抖。濕氣較少時，蒸發的速率會高於凝結的速
率，所以你會感覺冷。當你還在浴簾內，因為那兒濕氣高，凝結速

圖 8.22
潮濕的熱帶空氣裡的水蒸氣，凝結時會放出相當量的熱。持續的凝結有時會引起颱風之類的強大暴風雨。

率較大，所以你會感到較溫暖。現在，你知道爲什麼在浴簾內用毛巾擦乾身體會比較舒服。如果你趕時間，不在乎涼意，你就踏出浴簾外再擦乾身體吧！

　　在七月的午后到拉斯維加斯或乾燥的土桑（Tucson）度假，你很快會發現在那兒，蒸發速率大於凝結速率。你會感覺，那裡即使，溫度與紐約市或紐奧良一樣，但感覺較涼爽。在紐約市這些潮濕的地方，凝結速率超過蒸發速率，當空氣中的水蒸氣在你的皮膚上凝結時，你就會覺得熱。

圖 8.23
如果你在浴簾外頭覺得冷，就站回裡面，讓裡面大量水蒸氣的凝結使你溫暖起來。

觀念檢驗站

如果一盆水的水面經過了一天都不改變,你可以說這是沒有蒸發或凝結發生嗎?

你答對了嗎?

不是這樣的,從分子階層來說,發生了很多的活動。蒸發與凝結一直持續發生。水面保持不變,表示蒸發與凝結的速率相等:H_2O 分子蒸發後離開液面的數目,等於凝結回到液體中的數目。

沸騰是液面下的蒸發現象

如同我們在《觀念化學 1》第 1.7 節讀看到的,把液態水加熱到足夠的高溫,水蒸氣的泡泡就會從液面下形成。這些泡泡浮出液面然後逸入空中,我們就說這個液體沸騰了。如圖 8.24 所示,氣泡的形成的要件是,泡泡裡的水蒸氣壓力等於或大於大氣壓力與周圍水壓的總和。液體到達沸點時,泡泡裡面的氣壓等於或超過大氣壓力與周圍水壓的總和。溫度較低時,氣泡裡的氣壓還不夠大,周圍的壓力會把正在形成的氣泡都壓碎。

液體會在哪時會開始沸騰,與溫度及壓力都有關。大氣壓力增加時,氣泡裡的蒸氣分子必須移動得更快,才能在氣泡裡面施加更多壓力來抗衡增加的大氣壓力。所以增加液面的壓力會提高沸點,這種增加壓力的效應可以應用在炊煮上,如第 204 頁的圖 8.25 所示。

大氣壓

水壓

蒸氣壓

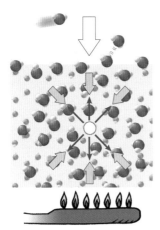

①水受熱後，液面下的分子獲得足夠的能量進行蒸發，形成水蒸氣泡泡。

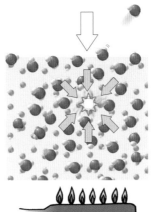

②在達到沸點之前，泡泡裡的水蒸氣，壓力低於大氣壓與水壓的總和，因此水蒸氣泡泡會破掉。

圖 8.24

當液態的水分子移動得夠快，使液面下產生水蒸氣泡泡時，液體就沸騰了。

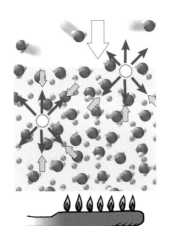

③到達沸點時，泡泡裡的氣壓等於或高於大氣壓與水壓的總和。氣泡就浮出表面且逸入空中。

④我們把這種蒸發現象稱為沸騰。

🏠 圖 8.25

壓力鍋旋緊的蓋子使水面上的蒸氣不散逸，因此液面上的壓力會超過大氣壓，使水不易沸騰，如此一來，水的沸點就會上升。食物放在較熱的水裡煮，會比放在 100℃ 的沸水中熟得快。

— 120℃

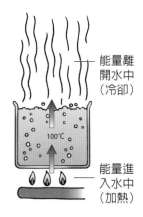

能量離開水中（冷卻）

100℃

能量進入水中（加熱）

🏠 圖 8.26

加熱使水從下方溫暖起來，沸騰的冷卻效應是從水面上開始的。結果是，水的溫度維持一定。

相反的，降低大氣壓力（如在高海拔地方）會降低液體的沸點。例如，在科羅拉多州丹佛市這個高山城市裡，水會在 95℃ 時沸騰，而不是在海平面時的 100℃。此時，如果你要用沸水煮食物，因爲水溫低於 100℃，所以要用較長的時間才能煮熟。在丹佛用沸水煮三分鐘的蛋，還是沒有熟。如果沸水的溫度很低，食物就不可能煮熟。德國的登山家亨利‧哈勒（Heinrich Harrer）在他的《西藏七年》裡寫著，西藏的海拔高度 4,500 公尺以上，你可以啜飲沸騰的茶水，絲毫不會燙到嘴巴。

沸騰就像是蒸發，是一種冷卻的過程。這個觀念乍看之下，可能會讓人覺得奇怪，因爲我們經常把沸騰與加熱扯上關係。但對水加熱是一件事，水的沸騰又是另一件事。如同圖 8.26 所示，煮沸的水用熱源加熱後，馬上就讓沸騰現象所冷卻。所以，沸水受熱時仍會保持定溫。如果沒有冷卻效應發生，持續加熱沸水，應該會提高水溫。圖 8.25 的壓力鍋會達到較高的溫度，是因爲沸騰受增加的壓力壓制，達成阻止冷卻的效應。

觀念檢驗站

Q

到底要說沸騰是一種蒸發形式，還是說蒸發是一種沸騰形式？

你答對了嗎？

A

沸騰是發生在液面下的蒸發。

　　有一個簡單的實驗可以神奇的展現蒸發與沸騰的冷卻效應，裝置是用真空瓶，裡面放少許的室溫水。慢慢用真空泵抽降真空瓶的壓力時，水就開始沸騰。沸騰過程會把熱從水中帶走，造成冷卻。把壓力進一步降低後，就會有更多慢速移動的液態分子沸騰。持續的沸騰會使溫度一再降低，直到約達到0℃ 的冰點。因沸騰而持續冷卻，會在冒氣泡的水面上結冰。沸騰與結冰竟同時發生！這現象真令人嘖嘖稱奇。

　　噴灑幾滴咖啡到真空瓶中，用同樣的步驟使它沸騰到凍結。即使在凍結後，水分子仍持續蒸發至真空，直到可以看到咖啡固體的小晶體為止。這就是冷凍乾燥咖啡的製法。這種低溫製程比較可以保持咖啡的化學結構不受改變。當用熱水沖泡咖啡粉時，才可以重現咖啡原來的風味。

　　冰箱也利用沸騰的冷卻效應。冰箱裡的蛇管泵入低沸點的液體冷凍劑，液體在那兒沸騰（蒸發），抽走冰箱裡存放的食物的熱。這時冷凍劑是氣相的，它沿路吸收了能量，向冰箱外背的蛇管（凝結蛇管）前進，在那兒把熱放出給空氣，冷凍劑才變回液體。馬達泵送冷凍劑通過系統，再次進行蒸發與凝結的循環。下一次你走近冰箱時，試著把手靠近冰箱背後的冷凝蛇管，感覺一下到冰箱內部抽取出來的熱。

　　冷氣機利用相同的原理，把熱能由建築物裡泵送到屋外。如果把冷氣機轉個方向，把冷空氣打到室外，這樣冷氣機就變成了暖氣器，也就是熱泵（heat pump）。

8.5 改變液態水的溫度，要用很多能量

你有沒有注意到，有一些食物加熱後溫度可以比較持久。剛剛從火爐拿出來的蘋果派，內餡可能會燙到你的舌頭，但是外皮就不會。土司從烤麵包機拿出不到幾秒，也許就可以入口了，但熱湯則要等幾分鐘之後才不會燙口。

不同的物質以不同的容量來儲存熱能，是因爲不同的材料用不同的方式來吸收能量。物質加入能量後，有的會增加分子的晃動，因而提高溫度，有的則把分子拉開，產生了位能，因此不會使溫度提高。一般而言，吸收能量後，呈現的就是這兩種方式的組合。

使 1 公克的液態水升高 1℃ 需要 4.184 焦耳（J）的能量，你可以從圖 8.27 看到，要使 1 公克的鐵（與水等量）升高同樣的溫度，所需的能量約只爲水的九分之一。換句話說，要有同樣的溫度變化，水吸收的熱能要比鐵多。我們說水有較高的**比熱**。比熱的定義就是使 1 公克的物質升高 1℃ 所需的熱能。

▷ 圖8.27
使 1 公克的鐵升高 1℃ 僅需要 0.451 焦耳。但使 1 公克的水有同樣的溫度變化，則需要 4.184 焦耳才行。

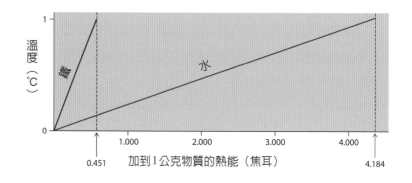

　　我們可以想像比熱是熱的「慣性」。在《觀念化學 1》的第 1.4 節中我們知道，慣性是物理學名詞，表示物體在運動狀態下對於改變的阻抗。比熱可以說是熱的慣性，因為它表示物質對溫度變化的阻抗。每一個物質都有它特定的比熱，在辨識物質時很有用。表 8.1 列出了一些常見物質的比熱。

　　猜猜看，為什麼水的比熱這麼高？答案也是因為「氫鍵」。當熱加到水中，熱多半是用來打斷水分子間的氫鍵。打斷的氫鍵是一種位能形式（有如拉開兩塊磁鐵，也是一種位能）。因此加到水中的熱，很多都是以位能的形式儲存起來，較少用來增加水分子的動能。因為溫度量測的是動能，所以水加熱時，溫度上升得很緩慢；同理，水冷卻時，溫度也降得很慢，因為動能減少時，分子會慢下來，形成更多的氫鍵，並釋出熱來幫助維持溫度。

表 8.1　常見物質的比熱

材料	比熱 $(J/g \cdot ^{\circ}C)$
氨（NH_3）	4.70
液態水（H_2O）	4.184
乙二醇（$C_2H_6O_2$，抗凍劑）	2.42
冰（H_2O）	2.01
水蒸氣（H_2O）	2.0
鋁（Al）	0.90
鐵（Fe）	0.451
銀（Ag）	0.24
金（Au）	0.13

觀念檢驗站

Q

把熱加到冰（在冰熔化前）或水蒸氣上，氫鍵並沒有斷裂。由此，你推測冰與水蒸氣的比熱，大於或小於液態？

你答對了嗎？

A

從表 8.1 來看，冰與水蒸氣的比熱，約爲液態水的一半。只有液態水有超高的比熱，這是因爲在液相中，氫鍵會持續的形成與斷裂。

全球氣候都受水的高比熱影響

　　液態水會抵抗溫度的改變，對改善氣候很有幫助。如在第 211 頁的圖 8.28 中，如果水沒有高比熱，高緯度的歐洲的很多國家，會冷得像加拿大的東北地區。歐洲與加拿大每平方公里的表面積，獲得大致相同的日曬。有一道洋流帶著溫暖的水從加勒比海往東北前進，水帶著很多的熱，足以遠行到歐洲海岸外的北大西洋才開始變冷，釋出的能量爲：每 1 公克的水，每冷卻 1℃ 放出 4.184 焦耳的熱。然後熱能再由西風（風由西向東吹）帶到歐洲大陸。

　　北美地區所在的緯度地帶，風向吹的是西風，因此美洲大陸的西岸，空氣是由太平洋吹到陸地。因爲水的高比熱，海洋的溫度從夏天至多天並沒有什麼變化。在多天，水溫暖了空氣，向東吹過海岸地區。在夏天，水冷卻了空氣，也冷卻了海岸地區。美洲大陸的東岸，溫度調節受大西洋的影響相當大，但因爲風是由西往東吹，

化學計算題：熱如何改變溫度

要增加材料的溫度就需要加熱。相反的，若要降低材料的溫度，就要把熱抽走。我們可以利用方程式，計算升高多少溫度要加入多少熱能。

$$熱能＝比熱 \times 質量 \times 溫度變化$$

任何物質都可用此公式計算，只要在溫度變化範圍內，沒有相的變化即可。溫度的變化值是最終溫度 T_f 減去最初溫度 T_i：

$$溫度變化＝T_f － T_i$$

例題1：

有 1.00 公克的液態水，從最初的 30.0℃ 升高到 40.0℃，需要加入多少熱？

解答1：

溫度變化＝$T_f － T_i$＝40.0℃ － 30.0℃ ＝＋10.0℃

要算出需要多少熱達到這種溫度變化，就是把正的溫度變化值乘上水的比熱與質量：

$$熱能＝（4.184 \text{ J/g} \cdot ℃）（1.00 \text{ g}）（＋10.0℃）＝41.8 \text{ J}$$

當熱從材料中除去，會降低溫度，溫度變化要用負號，如下一個例題所示。

例題2：

有一個玻璃杯，裝有 10.0 公克的水，最初溫度為 25.0℃，然後放入冰箱。如要使水的最終溫度達到 10.0℃，那麼冰箱要移除水中的多少熱能才行？

解答 2：

溫度變化＝ $T_f - T_i = 10.0°C - 25.0°C = -15.0°C$

要計算需要移除多少熱，就是將這種負的溫度變化乘上水的比熱與質量：

熱能＝（4.184 J/g・°C）（10.0 g）（－15.0°C）＝ －628 J

■ 請你試試：

1. 家用熱水器要施加多少熱能，才能把 100,000 公克的液態水從 25.0°C 提高到 55.0°C？

2. 要抽取多少熱能才能使 10.0 公克的冰塊（比熱＝2.01 J/g°C）從 －10.0°C 降低至 －30.0°C？

■ 來對答案：

1. 溫度的變化是：最後溫度減去最初溫度：55.0°C － 25.0°C ＝ ＋30.0°C

   將這個正的溫度變化乘上水的比熱與質量：

   （4.184 J/g・°C）（100,000 g）（＋30.0°C）＝ 12,552,000 J

   這麼大的數目解釋了，水的電熱器為何會消耗家庭總用電量的25%。用適當的有效數字（見附錄B），答案可寫成 10,000,000 焦耳。

2. 溫度的變化是：

   －30.0°C － （－10.0°C）＝ －20.0°C

   把這個負的溫度變化乘上冰的比熱與質量：

   （2.01 J/g・°C）（10.0 g）（－20.0°C）＝ －402 J

   下次你走近冰箱或冷凍機時，把你的手靠近它的背面，你會感覺到有熱度，那是抽取裡面食物的溫度來的。

中間還經過陸地，所以東岸的溫差範圍大於西岸。例如，舊金山與首都華盛頓特區大約在相同緯度上，但舊金山更爲冬暖夏涼。

　　至於島嶼與半島，因爲或多或少都受水包圍，溫度並不像內陸一樣極端。例如，加拿大曼尼托巴（Manitoba）與美國達科塔州（Dakotas）常見的酷夏與寒冬，大部分是由於缺乏水的調節。歐洲人、島嶼居民與住在可受洋流調節氣候的人，應該高興水有這麼高的比熱。

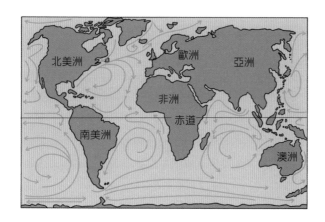

◁ 圖8.28
洋流（以藍色線條顯示）把溫暖赤道的熱分散到較冷的極區。

生活實驗室：升溫賽

在這個活動中，我們要爲兩種常用的食品（米與食鹽）的比熱做定量量測。

■ 請先準備：

生米、食鹽、一個量杯、鋁箔、烤盤紙、兩個相同的陶瓷杯、溫度計（可有可無）。

■ **請這樣做：**

1. 撕下兩張鋁箔，每一張大約是烤盤紙的一半大小。把它們並排在烤盤紙上。

2. 量一杯米，倒在一張鋁箔上。再量一杯食鹽，倒在另一張鋁箔上。

3. 爐子先預熱至 250℃，放入米與食鹽，加熱 10 分鐘，然後把米倒入陶瓷杯，食鹽倒入另一個陶瓷杯。

4. 用溫度計記下從爐子拿出來時，哪一個的溫度較高，哪一個的冷卻速度較快。如果你沒有溫度計，把加熱過的米與食鹽倒在鋁箔上，小心的用手觸碰，判斷它們的冷卻速率。

哪一個比熱較高？為什麼加熱過後的米會黏在陶瓷杯子的旁邊？

⚗ 生活實驗室觀念解析

食鹽的比熱較低的第一個證據，是當你把它從爐子裡拿出來時，會發現它的溫度較高。第二個證據是，不管起始的溫度是多少，食鹽都冷卻得比米快。米有較高比熱的原因之一，是每一粒米都含不少的水分。加熱米的時候，這些水分就跑出來。把米從爐子拿出來之後，水分還陸續跑出來，所以米粒會黏在杯子上

有些人利用米的吸水能力，把米粒放在鹽罐中吸水，使鹽不結塊。在美國，大部分的市售食鹽裡都有吸水的矽膠，也是為了同樣的目的。如果你把食鹽溶到水中，就會看到這些矽膠：你看到水變混濁，不是食鹽造成的，而是來自不溶的矽膠。

你可以利用米的高比熱做「冷暖雙用米包」。把米填入乾淨的襪子裡，約四分之三滿，用棉繩（不要用金屬線！）把開口紮緊，然後在微波爐烤幾分鐘（不要用烤箱！）當你把米包從微波爐裡取出來時，米粒的濕氣就會顯現出來，此時釋出的濕氣，會使襪子稍微潮濕。這個暖暖米包就做好了。需要冷卻包？就把填米的襪子放到冰箱中。米的濕氣可以讓米包保持很長時間的低溫。

改用花俏的布替代襪子來做這種米包，再添一點香味，就可以做成別緻的禮物了。

水與沙子，哪一種比熱較高：？

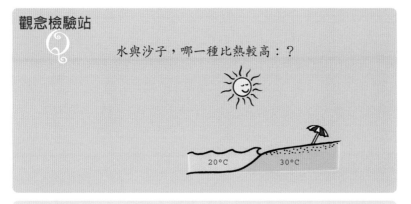

你答對了嗎？

由圖可以看出來，同樣曝曬在陽光下，水的溫度增加得比沙子少，因此水的比熱較大。常去海灘的遊客就知道，在陽光普照的日子，沙子會熱得很快，但水還是涼涼的。不過，在晚上，沙子冷得快，水溫卻還是與白天差不多。

8.6 相變化需要有能量的進出

　　相的變化一定牽涉到分子間吸引力的斷裂或形成。例如，物質從固體變成液體、最後到氣體，都牽涉到分子間吸引力的斷裂。這個方向的相變化，需要注入能量。相對的，物質從氣體變成液體到變成固體，牽涉到分子間吸引力的形成。這個方向的相變化，會釋出能量。這兩種方向的相變化，可概述如圖 8.29。

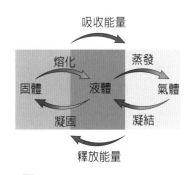

圖 8.29
能量改變造成的相變。

圖 8.31
加熱融化冰塊時，溫度不會有變化，這是因為加進來的熱，都拿來打斷氫鍵了。

取 −50℃ 的冰塊 1 公克放到爐子上加熱，容器中的溫度計顯示溫度慢慢增加至 0℃，如圖 8.30 所示。在 0℃時，即使還持續加熱，溫度一樣停留在此不再上升，所加的熱都用來熔化 0℃ 的冰，如圖 8.31 所示。熔化 1 公克的冰需要 335 焦耳的熱。只有當所有的冰都熔化時，溫度才會再度上升。接著，每吸收 4.184 焦耳的熱，水的溫度會上升 1℃，一直到達沸騰的溫度 100℃ 為止。在 100℃ 時，溫度再度停留，即使持續加熱，所有的熱都用來把液態水蒸發成水蒸氣，水必須吸收驚人的 2,259 焦耳的熱，才能把所有的液態水蒸發完。最後，當液態水在 100℃ 都變成水蒸氣後，溫度就會再度上升，之後只要持續加熱，水蒸氣的溫度就會一直上升。

當相變化的方向改變時，圖 8.30 所示的熱能，就由吸收變成釋放。當水蒸氣凝結成液態水，每 1 公克的水釋出 2,259 焦耳；當液態水變成冰時，每 1 公克釋出 335 焦耳。相變化過程是可逆的。

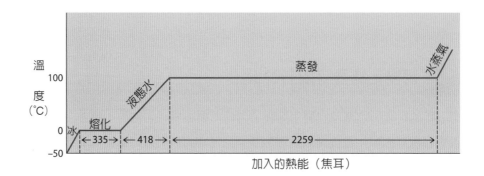

圖 8.30
此圖顯示 1 公克的冰變成水蒸氣的熱能變化，最初溫度為 − 50℃。圖中的水平線的部分，代表溫度保持一定的區域。

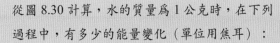
　　從固體變到液體所需的熱能稱爲**熔化熱**，而從液體凝固所放出的熱能稱爲**凝固熱**。水的熔化熱是每公克＋335 焦耳，正號顯示需要加入熱能使冰熔化。水的凝固熱是每公克－335 焦耳，負號顯示液態水凝固會放出熱能。凝固與熔化所牽涉的熱能一樣多。

　　從液體變成氣體所需的熱能稱爲**蒸發熱**，水的蒸發熱是每公克＋2,259 焦耳。氣體凝結放出的熱能稱爲**凝結熱**。水的凝結熱是每公克－2,259 焦耳。水的蒸發熱及凝結熱，高於許多其他物質。這是由於水分子間有相當強的氫鍵，這些氫鍵在蒸發與凝結過程中，需要不停的**斷裂**或形成。

觀念檢驗站

你能不能加熱冰，卻不使它熔化？

你答對了嗎？

一個常見的錯誤觀念是，冰的溫度不會低於 0℃。事實上，冰的溫度可以是 0℃ 以下的任何溫度，一直低到絕對零度爲止。加熱低於 0℃ 的冰，例如把冰從 −200℃ 加熱到 −100℃，只要冰的溫度是在 0℃ 以下，冰就不會熔化。

　　雖然 100℃ 的水蒸氣與 100℃ 的液態水，溫度是一樣的，但每 1 公克的水蒸氣因爲分子間相距得相當遠，所以含有更多的位能。在液相中，分子互相靠近，每公克就以熱的形式釋出 2,259 焦耳的熱到環境中。換句話說，相距很遠的水蒸氣分子在靠近時，把位能變成熱能釋出。就像是兩個相吸的磁鐵拉開時具有位能；當位能釋放後，首先會轉化成動能，然後磁鐵會互相撞擊生成熱。

　　水的高蒸發熱讓你能用弄濕的手指短暫的觸摸燒熱的煎鍋或熱火爐而不受傷。只要手指還是濕的，你甚至還可以連續觸摸幾次，這是因爲能量在燒到你的手指之前，會先把手指上的水分由液相變成氣相，你也可以同樣用濕手指來判斷熨斗的熱度。救火員知道某些形式的火焰用細霧水柱最易撲滅，用整柱的大水沖反而不易滅火。細霧較容易轉變成水蒸氣，會很快吸收熱能，把燒灼的材料冷卻。

　　水的高蒸發熱使赤腳走過熾熱的炭火而不受傷，如圖 8.32 所示。當你的腳是濕的時，從炭火來的熱很多都會由水吸收，而不是由你的皮膚吸收。（過火的人同樣也是靠木頭即使在熾熱炭的形式，都是熱的不良導體這點，來完成任務的）。

◁ 圖 8.32
腳弄濕後，即使光腳走過熾熱的木炭，也不會受傷。

想一想，再前進

在本章中，我們從分子階層探討了水的很多性質，例如：冰之所以會浮在水面上，是因為水分子在冰中以氫鍵構成開放的晶體結構，使冰的密度不像液態水那麼大。

因為熔化冰及蒸發液態水需要很大的能量，由極區降雪堆積出的冰，會經年累月維持固態。與冰接觸的海水，溫度比 0℃ 還低，但因為海水中有鹽類溶解，使水不易形成冰晶，降低了海水的凝固點。北極洋以高比熱調節了北極的氣候，北極在多天很冷，但不像南極那麼嚴寒。南極 1600 公尺厚的冰，比熱只有北極液態水層的一半，因此北極大部分都受水覆蓋，而南極受冰覆蓋，因為冰的比熱低，所以溫度比北極來得極端。

本章主要焦點是水分子的物理行為。在《觀念化學 2》中我們討論的多半集中在分子及離子的物理行為。從《觀念化學 3》開始我們我們將轉移焦點至分子及離子的化學性質，分子及離子在進行反應時，會改變它們的基本特性。

關鍵名詞

內聚力 cohesive force ：兩個相同分子間的引力。（8.3）

附著力 adhesive force ：兩個不同物質的分子間吸引力。（8.3）

表面張力 surface tension ：液體表面的一種彈性傾向。（8.3）

彎月面 meniscus ：液體表面與容器交界處所形成的弧面。（8.3）

毛細作用 capillary action ：藉由分子的凝聚力與附著力，使液體在細管中上升。（8.3）

昇華　sublimation：固體直接變成氣體的過程，中間不經過液相。
（8.4）

比熱 specific hea：使 1 公克物質增加 1℃ 溫度所需的熱能。（8.5）

熔化熱 heat of melting：物體從固態變成液態所吸收的能量。（8.6）

凝固熱 heat of freezing：物體從液態變成固態所釋出的能量。（8.6）

蒸發熱　heat of vaporization：物體從液態變成氣態所吸收的能量。
（8.6）

凝結熱　heat of condensation：物體從氣態變成液態所釋出的能量。
（8.6）

延伸閱讀

1. http://madsci.wustl.edu/posts/archives/mar97/852921998.As.r.html
   討論最近在月球南極發現的冰，解釋冰雖然在沒有大氣之下，仍
   可存在。亦可參考 http://www.nrl.navy.mil/clementine

2. http://seawifs.gsfc.nasa.gov/OCEAN_PLANET/HTML/oceanogra-
   phy_recently_revealed1.html
   海洋底下的火山氣孔噴出的水，溫度超過300℃。在 1977 年，地
   質學家探測這些氣孔，在這種沒有陽光的海床上發現了一些外觀奇
   異的動物。

 第8章　觀念考驗

關鍵名詞與定義配對

附著力	蒸發熱
毛細作用	彎月面
內聚力	比熱
凝結熱	昇華
凝固熱	表面張力
熔化熱	

1. _____：兩個相同分子間的吸引力。

2. _____：兩個不同物質分子間的吸引力。

3. _____：液體表面的彈性傾向。

4. _____：液表與容器之間的界面上，所產生的彎曲液面。

5. _____：由於附著力與內聚力相互競爭，在小的垂直空間產生的液體上升現象。

6. _____：物質沒有經過液相，直接從固相變成氣相的過程。

7. _____：1 公克物質溫度改變 $1°C$ 所需的熱能。

8. _____：物質從固體變成液體所吸收的熱能。

9. _____：物質從液體變成固體所釋放的熱能。

10. _____：物質從液體變成氣體所吸收的熱能。

11. _____：物質從氣體變成液體所釋放的熱能。

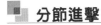

分節進擊

8.1 水分子結冰會形成開放的晶體結構

1. 冰的密度沒有液態水大，理由為何？
2. 冰晶內的開放空間裡有什麼？
3. 施加很大的壓力到冰上，會發生什麼事？

8.2 凝固與熔化會同時發生

4. 為什麼物質的熔化與凝固會同時發生？
5. 兩個水分子間形成氫鍵時，會釋出什麼？
6. 為什麼從冰與水的 $0\,^{\circ}\mathrm{C}$ 混合物抽取熱，會加快冰的形成速率？
7. 為什麼加熱能到冰與水的 $0\,^{\circ}\mathrm{C}$ 混合物，會加快水的形成速率？
8. 為什麼如果有 H_2O 以外的離子或分子存在的話，水在 $0\,^{\circ}\mathrm{C}$ 不會凍結？
9. 含有冰晶且近於凍結的水，與不含晶體的液態水相較，哪一個的密度大？
10. 當 $0\,^{\circ}\mathrm{C}$ 的液態水的溫度稍微提升後，水的體積會膨脹還是收縮？
11. 不管是在哪一相，溫度增加時，水的分子運動的量都會怎樣？
12. 在什麼溫度下，相競爭的膨脹與收縮效應，會讓液態水達到最小的體積？
13. 為什麼冰會在水面形成，而不是在水底？

8.3 水分子的黏性造就液態水的性質

14. 內聚力與附著力之間有什麼區別？
15. 液表上的水分子，在哪個方向不被拉住？
16. 為什麼液體分子間作用力強的，比起分子間作用力弱的，有較大的表面張力？

17. 液態水在哪種管子裡上升得較高,是細狹的管子或寬的管子?

18. 在毛細作用中,是什麼決定了液態水爬升的高度?

8.4 水分子自由的出入液相及氣相

19. 在液體中,所有分子的速度都一樣嗎?

20. 爲什麼蒸發屬於冷卻過程?蒸發冷卻了什麼?

21. 昇華牽涉的相有哪些?

22. 爲什麼凝結算是加熱過程?凝結加熱了什麼?

23. 爲什麼給 100℃ 水蒸氣燙到,會比讓相同溫度的液態水燙到,傷得更厲害?

24. 爲什麼我們在濕熱的日子裡,會覺得熱得很不舒服?

25. 用壓力鍋煮食物,使食物快熟的原因是壓力或高溫?

26. 什麼條件讓液態水在 100℃ 以下沸騰?

8.5 改變液態水的溫度,要用很多能量

27. 爲什麼液態水有這麼高的比熱?

28. 低比熱的物質,溫度改變較容易還是較困難?

29. 加熱較快的物質,比熱較大還是較小?

30. 液態水的比熱與其他常見物質的比熱,有何差別?

31. 加拿大東北地區與歐洲大部分的地區,每單位表面積接受陽光量是相同的。爲什麼歐洲的多天一般都較加拿大東北地區溫暖呢?

32. 爲什麼島嶼與半島上的氣溫都相當穩定?

8.6 相變化需要有能量的進出

33. 當液態水凝固時,是釋放熱能到環境,還是從環境中吸收熱能?

34. 冰加熱熔化時,爲什麼溫度不會升高?

35. 熔化 1 公克的冰需要多少熱能，試用焦耳作答。

36. 冰箱是利用冷凍劑的蒸發還是凝結來冷卻的？

37. 要快速觸摸熱熨斗時，為什麼一定要弄濕手指？

38. 為什麼煮沸 10 公克的液態水比起熔化 10 公克的冰，需要的能量更多？

高手升級

1. 為什麼氟化氫（HF）與氨（NH₃）都像水一樣有高沸點？請解釋。

2. 冰會浮在室溫的水上，但是否也會浮在沸水上？為什麼會，或為什麼不會？

3. 原本飄浮在水杯中的冰塊熔化後，水的高度會有怎樣的改變？

4. 比較一塊冰塊中，由無數個六角形冰晶開放空間構成的總體積，與浮出水面冰的體積。

5. 在寒帶地區，冬天時要特別提防家用水管給凍結了，為什麼？

6. 食鹽水溶液如果濃度愈濃，凝固點會怎樣？

7. 為什麼把熱加到冰與水的混合物裡，會降低冰形成的速率？

8. 假設溫度計中裝的是水，而不是水銀，如果溫度從 4℃ 開始變化，為什麼此時溫度計不能指示出溫度到底是上升還是下降？

9. 下面哪一幅圖最能準確代表液態水的密度與溫度的關係：

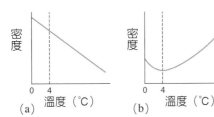
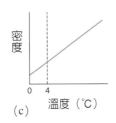
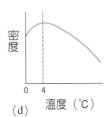

(a)　　　　　(b)　　　　　(c)　　　　　(d)

10. 如果冷卻效應發生在湖底而不在湖面，那麼湖泊會不會從湖底開始往湖面結冰？請解釋。

11. 海水跟水不同，海水冷卻時會一路收縮至達到凝固點（約 $-18°C$）為止，為什麼？

12. 覆蓋在北極洋的冰帽在冬天會增厚，它是從上增厚還是從下增厚？請解釋。

13. 湖泊的水溫平均為 $10°C$。當冷卻至 $4°C$ 時，富含氧的表面水會怎樣？同時，富含養分的深層水會怎樣？

14. 為什麼極區的海洋在秋天時更為肥沃？

15. 富含養分的水不容易清澈，為什麼熱帶的水會那麼清澈？

16. 毛細作用使在細窄玻璃管的水沿內壁向上爬升，為什麼玻璃管變寬時，水就不能攀升得那麼高？

17. 水銀與玻璃形成上凸的彎月面，而不是向下凹的（如圖8.16所示）。這可以告訴你，水銀的原子間內聚力，相對於水銀原子與玻璃間的附著力，哪一種力比較強？

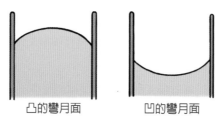

凸的彎月面　　　　凹的彎月面

18. 可不可以用水填滿玻璃杯，讓水滿過杯緣但不從邊上溢出。試試看，並解釋你觀察到的現象。

19. 你預期水的表面張力會隨溫度增大或減小？請解釋。

20. 把迴紋針浸於水中，然後慢慢往上拉，直到快離開水面為止。你會發現水會讓金屬往上帶一點點。這是附著力還是內聚力的作用？

21. 為什麼在剛打過蠟的表面，容易形成水珠？

22. 海底火山的氣孔冒出的水溫可達 300℃，卻不會沸騰，請解釋。

23. 爲什麼把手指弄濕，然後在空氣中豎直可以判斷風向。請解釋。

24. 爲什麼在熱湯上吹一吹，可以使湯冷卻？

25. 爲什麼用濕布包住的瓶子，比直接放在冷水中的瓶子，來得更冷？

26. 你能用在眞空時沸騰的水來煮蛋嗎？

27. 有一位發明家提出一項炊煮器具的設計，可以讓水在低於 100℃ 時沸騰，用較少的能源來烹煮食物。你對這個主意，有什麼意見？

28. 沸騰時的水泡，裡面有什麼氣體？

29. 你的指導老師給你一個密閉的燒瓶，裡面塡充了一些室溫的水。當你握住燒瓶時，來自你手上的熱會使水沸騰。這是怎麼做到呢？

30. 蒸發的液體冷卻了，那同時會不會有某種東西給加熱了，如果是這樣，是什麼東西加熱了？

31. 火爐上煮一壺水，爲什麼蓋上蓋子可以縮短水的沸騰時間，而水在沸騰後，蓋上蓋子僅稍微縮短烹煮的時間？

32. 如果液態水有較低的比熱，池塘較易結冰還是較不易結冰？

33. 汽車水箱液的比熱，是高一點好，還是低一點好？請解釋。

34. 如果水的比熱不這麼高，發燒時體溫會更高還是更低？

35. 美國的百慕達群島靠近北卡羅萊納州，但卻長年都是熱帶性氣候，爲什麼？

36. 如果在美國舊金山與華盛頓特區所居的緯度，風是從東來而不是從西來，舊金山會長櫻桃樹，華盛頓會有棕櫚樹，爲什麼？

37. 廚師爲了要使烤火雞有山胡桃香味，放置了一壺含有山胡桃片的水與火雞同置於爐中。爲什麼這樣一來火雞要較長時間才會熟？

38. 爲什麼在寒冷的冬天，農夫要在儲藏室放置一大缸的液態水，以免罐裝食物凍壞？

39. 當液態水凝固時會釋放出大量的熱，爲什麼這些熱不會只用來再熔化冰？

40. 假設有 4 公克的 100℃ 液態水布滿在大表面上，水很快就會蒸發了 1 公克。如果蒸發 1 公克水要花 2,259 焦耳，且這個熱是從另外 3 公克水來的，這 1 公克的水蒸發後，剩下的 3 公克水，溫度為何？

思前算後

1. 把一顆胡桃插在尖針上，放在一罐含有 100.0 公克的 21℃ 水下方燃燒。在胡桃全部燒掉後，水的最終溫度是 28℃。那麼燃燒胡桃得來的熱能有多少？

2. 使 100,000 公克的鐵升高 30℃，需要多少熱？

3. 加入 230 焦耳的熱到 5.0 公克的液態水中，溫度會增加多少？

ANSWER

觀念考驗解答

第 5 章　原子模型

關鍵名詞與定義配對

1. 實體模型
2. 概念模型
3. 波長
4. 波頻
5. 電磁光譜
6. 分光鏡
7. 原子光譜
8. 量子假說
9. 量子
10. 光子
11. 主量子數 n
12. 機率雲
13. 原子軌域
14. 能階圖
15. 電子組態
16. 內殼層屏蔽
17. 有效核電荷
18. 游離能

分節進擊

5.1 模型讓我們看見不可見的原子世界

1. 如果棒球的大小有如地球，那麼在棒球內的原子，大小就有如乒乓球。
2. 掃描穿隧式顯微鏡讓我們間接看到原子。
3. 因為原子的直徑比可見光的波長小，因此用可見光無法看到原子。
4. 實體模型是嘗試把物體複製成不同的大小，概念模型則在敘述一個系統。
5. 原子模型預測我們看不到的系統的行為。

5.2　光是一種能量

6. 可見光是電磁光譜的一小部分。

7. 紫外光比可見光對我們皮膚有更大的傷害，因為它的能量比可見光還要高。

8. 光的頻率增加，它的能量也會增加。

9. 分光鏡用來觀察光源的顏色組成。

5.3　用原子發的光來鑑別原子

10. 原子要接受了能量後才會放出光。

11. 因為每一個元素的原子，僅放出特定的頻率。

12. 芮得柏注意到氫原子光譜中，兩條線的頻率和，有時會等於第三條線的頻率。

5.4　波耳用量子假說解釋原子光譜

13. 蒲郎克的量子假說，說明光的能量是以不連續的小包裹放射出來的，這個小包裹稱為量子。

14. 電子愈遠離原子核時的位能，大於愈靠近原子核時。

15. 電子會從低位能的位置提升到高位能的位置。

16. 光子的頻率愈大，它所含有的能量也愈大。

17. 不，波耳的模型僅顯現原子內電子的不同能階。

5.5　電子的波動性質

18. 電子環繞原子核的速率約每秒 2 百萬公尺。

19. 因為電子的速率這麼快，所以具有波的性質。

20. 薛丁格列出方程式，表明電子波的強度與它最可能位置的關係。

21. 機率雲表示我們最可能發現電子的地方。而原子軌域則顯示電子有 90% 的時間出

現的地方。

5.6 用能階解釋電子如何填滿軌域

22. 一個軌域可以容納兩個電子。

23. $2p$ 軌域共有三個；每一個軌域可以容納兩個電子，所以總共有六個電子。

24. 氖（Ne）的電子組態是 $1s^2 2s^2 2p^6$。

25. 最外層的電子可以決定原子的性質。

26. $1s^2 2s^2 2p^6 3s^2 3p^6 4s^2 4p^6 3d^{10} 5s^2$。

5.7 能量接近的軌域群集成殼層

27. 同一殼層的軌域具有相似的能量。

28. 因爲比較簡單，且容易瞭解。

29. 有三個 p 軌域與一個 s 軌域。

30. 七個殼層相對於週期表的七個週期。

31. 每一個殼層可以容納的電子數目，相對於週期表中每一週期的元素數目。

5.8 週期表幫助我們預測元素的性質

32. 左下角的原子較大，而右上角的原子較小，因爲氮離右邊較遠，所以較大。

33. 外層電子受到內層電子的屏蔽。

34. 金原子有六個殼層有電子。

35. 根據週期表的原子大小趨勢來看，鉭原子比鐪原子大。

36. 氟原子的有效核電荷是 $9 - 2 = 7$。而硫原子則爲 $16 - 10 = 6$。

37. 在週期表愈往右邊的元素，電子受原子核抓得愈緊。氟在硫右邊，所以氟的電子被抓得較緊，較難於移除。

高手升級

1. 原子小於可見光的波長，因此無法直接用肉眼看到。不過，我們可以用電流沿著原子外貌來回掃描，量測原子的形態。電腦根據掃描的數據，將之組合成影像，顯示出個別的原子的在表面上組織型態。更合適的說法是，掃描穿隧式顯微鏡的掃瞄是去「感觸」原子，而非「看見」原子。

2. STM 只顯示原子的相對大小與位置。原理是偵測 STM 針尖與原子外層電子間產生的電力。由《觀念化學 1》第 3.5 節得知，原子本身大部分是空的，所以原子內部的最佳「影像」就是空影像。因此拍攝原子內部的「影像」並沒有意義，而應該要發展模型來幫忙「看見」原子內的組成分如何作用。

3. 有很多物體或系統既可以用實體模型描述，也可以用概念模型來描述。一般而言，實體模型是把物體或物體的系統複製成不同的規模。概念模型則用來代表抽象的觀念或顯示系統的行為。在這題中的例子，比較適合用實體模型來描述的是：頭腦、太陽系、陌生人、金幣、汽車引擎、病毒。比較適合用概念模型來描述的是：思想、宇宙的誕生、最好的朋友（你有點瞭解他的複雜的行為）、鈔票（代表財富，但到底只是一張紙鈔）、性病的傳染。

4. 利用分光鏡來觀察它們的原子光譜。

5. 電子可以躍遷到不同的能階上，當電子掉回到低能階時，就有很多種躍遷組合。每一種躍遷的能量都不同，也放射出特定頻率的光子，因此有不同的光譜。

6. 有六種躍遷的可能。從第四能階躍遷到第一階時 ΔE 最大，因此放射出的光，頻率最大。從第四能階躍遷到第三能階時，ΔE 最小，因此放射出的光，頻率最小。

7. 根據能量守恆，合併的能量要等於單一次躍遷的能量（因此，兩步躍遷的光頻率，等於一次長躍遷放射出的光頻率）。

8. 由 $n = 3$ 掉到 $n = 2$，能量差會等於 $n = 2$ 掉到 $n = 1$。這些躍遷放出的頻率都一

樣，在原子光譜上重疊，所以變成一條較強的光譜線。

9. 藍光的頻率較大，所以是較高能階的躍遷。

10. 波動受限制時，只能在特定的頻率下強化。電子波受限在原子內，所以只會顯現出特定的頻率，而每一個頻率代表不連續的能量值。

11. 如果原子的電子不局限在特定的能階中，它會成螺旋狀趨向原子核，且放出連續光。這樣就會看到寬帶的有色光譜，而不是不連續的條紋。

12. 因為電子有波動性質，所以可以說電子事實上是同時存在於兩葉片上的。可參考「高手升級」第 15 題。

13. 這種躍遷是不花時間的，所以並無法在哪一個特定的時間點發現電子在兩軌域之間。

14. s 軌域是球形的，因為球形是完全對稱的，怎麼旋轉都呈現一樣的位相。

15. 因為電子的波動性質，可以說電子事實上是同時存在於兩片葉片上的。

16. 能階填入如下：

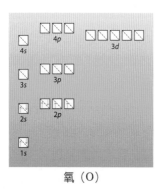
氧（O）

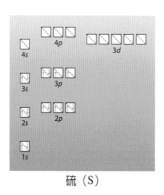
硫（S）

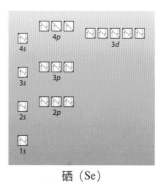
硒（Se）

它們有相似的性質，是因為有相似的電子組態，特別是最外層的 p 軌域都一樣。

17. 根據本書介紹的模型，電子先填入低能階的軌域，再填入較高能階的軌域，右邊碳的電子組態是 $1s^1 2s^1 sp^3$，$2s$ 的兩個電子會有一個提升到較高能階的 $2p$ 軌域。因此，這種組態有較高的能量。

18. 鈾（U）：$1s^2 2s^2 2p^6 3s^2 3p^6 4s^2 3d^{10} 4p^6 5s^2 4d^{10} 5p^6 6s^2 4f^{14} 5d^{10} 6p^6 7s^2 5f^3$

19. 最低能量：$1s^2 2s^2 2p^5$，最高能量：$1s^0 2s^2 2p^5 3s^2$

20. 它們的最外殼層都填滿了電子。

21.

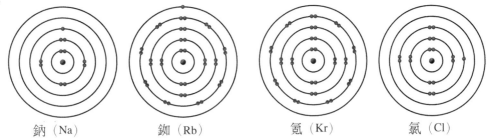

鈉（Na）　　　鉚（Rb）　　　氪（Kr）　　　氯（Cl）

22. 氭（Og，原子序118）。

23. 軌域是空間區域，只能讓特定能量的電子在那兒。但不管有沒有電子，這種空間區域都存在。殼層也一樣，殼層是相似能量軌域的集合，不管有沒有電子，這種空間都存在。

24. 在 $7s$ 軌域中的電子，位能比在 $1s$ 軌域中的高，因為它距離原子核較遠。

25. 氖的最外層殼已經填滿電子，再加進去的電子就要進入下一個殼層，而那個殼層的有效核電荷為 0。

26. 氖的最外殼層電子有較大的有效核電荷，因為受內層電子屏蔽得較少。

27. 鈉的最外層電子具有最大的有效核電荷，因為它受內層電子屏蔽得較少。

28. 磷（P）＜鍺（Ge）＜錫（Sn）＜鉈（Tl）

29. 鉛（Pb）＜錫（Sn）＜砷（As）＜磷（P）

30. 有效核電荷確定了游離能以及原子的大小。

31. 鉀原子有電子的最外層殼是第四層。這層的有效核電荷相當弱（＋1），所以電子很容易脫掉。但是要移去第二個電子就要到下一層（第三層），它的有效核電荷非常強（＋9），因為它被這種很大的有效核電荷抓得非常緊，所以要移去鉀原子

的第二個電子非常困難。

32. 銅（Cu）＜銀（Ag）＜金（Au）＜鉑（Pt）

33. 仔細看會發現，每一殼層都細分成一系列的次層（subshell）。每一個次層相對於特定的軌域種類。例如，第七殼層有四個次層，包括 7s 軌域、5f 軌域、6d 軌域與 7p 軌域。鎵大於鋅是因為鎵有電子在第四殼層的三個次層，而鋅有電子在第四殼層的頭兩個次層。你在這裡看到的是比第 5.7 節更精細的模型。

第6章　化學鍵結與分子的形狀

關鍵名詞與定義配對

1. 價電子	10. 共價化合物
2. 價殼層	11. 分子
3. 電子點結構	12. 價殼層電子對互斥模型
4. 非鍵結電子對	13. 取代基
5. 離子	14. 偶極
6. 多原子離子	15. 電負度
7. 離子鍵	16. 非極性鍵
8. 離子化合物	17. 極性鍵
9. 共價鍵	

分節進擊

6.1 原子模型解釋了原子如何鍵結

1. 需要七個殼層來安置週期表的七個週期。

2. 第一殼層可以填入兩個電子。第二層則可以填入八個電子。

3. 氬原子（原子序18）會完全填滿三個殼層。

4. 電子點結構畫出的是價電子。

5. 週期表同一族元素的電子點結構有相同的價電子數目。

6. 氧原子有兩對非鍵結電子對與兩個未成對的價電子。

6.2 原子可以失去或獲得電子成為離子

7. 離子有帶電荷而原子則沒有。

8. 要成為負離子，原子要獲得電子。

9. 金屬比較容易失去電子。

10. 鈣原子易失去兩個電子。

11. 氟原子最外殼層的空間，僅可再容納一個電子。

12. 分子可以失去一個氫離子（H^+，就是質子），成為多原子離子。

6.3 電子轉移造成了離子鍵

13. 在週期表中兩邊相對的元素易形成離子鍵。

14. 離子化合物是化合物的一種。

15. $CaCl_2$ 中的鈣離子電荷是 + 2。

16. 在 CaO 中的鈣離子電荷是 + 2。

17. 在氧原子上的電荷是 - 2。

18. 離子晶體是一大堆離子的群集，以高度規則來排列。

6.4 共享電子造就共價鍵

19. 易於形成共價鍵的元素主要是非金屬元素。

20. 共價鍵的兩個原子以共用電子而相吸結合。

21. 每個共價雙鍵共享兩個電子。

22. 在共價三鍵中共享六個電子。

23. 氧原子可以從其他的原子吸引兩個額外的電子。

24. 氧原子可以形成兩個共價鍵。

6.5　價電子決定分子的形狀

25. VAEPR 代表價殼層電子對互斥模型。

26. 四面體有四個面。

27. 取代基是與中央原子相接的原子或未共用電子對。

28. 如果分子有一個或多個取代基是未共用電子對時，就會不同。

29. 在水分子中的氧原子有四個取代基。

6.6　不均勻的電子共享，造成了極性共價鍵

30. 偶極是鍵結中電子的不均勻分布，起因是兩個原子間有電負度差異。

31. 氟的電負度最大，而銫的電負度最小。

32. 碳－氧鍵的極性較強。

33. 在週期表位置相近的兩個元素結合時，如果兩元素有不同的電負度，會造成不均勻的共享電子，形成的鍵結雖然仍為共價鍵，但是電子分配不均勻的情況與離子鍵相似。

6.7　電子不均勻分布，分子就有極性

34. 如果電負度差產生的偶極，大小相等但方向相反，就可以互相抵銷，分子就會是非極性的。

35. 非極性物質之間的吸引力較弱，所以沸點較低。

36. 非極性分子有較大程度的對稱性。

37. 油與水不會混在一起是因為水分子之間的吸引力，強於水分子與油分子之間的吸引力。

38. 極性分子比較「黏稠」。

高手升級

1. 這是化學變化。形成的離子，性質完全與原來的中性原子不同。

2. 鎂的價殼層上只有兩個電子，這兩個電子遭內殼層電子遮屏，很難感受到原子核的吸引力，所以電子易失去。

3. 鈉的第三殼層電子受到的原子核吸引力並不強，不足以保持住這麼多電子。如同第 5 章討論的，這是因為有 10 個內殼層電子遮蔽了第三殼層電子受 ＋11 價原子核的影響。這第三殼層的有效核電荷是＋1，也就是說它頂多只能保住一個電子。

4. $MgCl_2$。

5. Ba_3N_2。

6. 有的。離子鍵有很強的偶極。

7. 因為它有電子的最外殼層已沒有空間來容納更多電子。

8. 氖的最外殼層上，電子受到相當強的有效核電荷緊緊抓住。

9. 氫原子僅有一個電子可以共享。

10. 形成任何化學鍵的力量都是電力。因此，是原子核的電荷使原子形成共價鍵。不要說原子「需要填滿它的最外層」，畢竟原子不是生物，它們並不「需要」任何東西。事實上是有一種基本的力量，使相反電荷的粒子（如電子與原子核的質子）互相吸引。嚴格的講，電子受原子核的電荷吸引，才能保持在原子中。當電子也受另一個原子核吸引時，結果就是形成共價鍵。

11. 是逐漸的變化。這種變化是由形成鍵結的元素在週期表上的相對位置而定。如果元素相近，且位於週期表右上角，形成的鍵可能為共價鍵。如果兩元素是分別在週期表相對的位置上，則形成的化學鍵就可能為離子鍵。介於這兩個極端的原子，進行鍵結時就像是上述兩種特性的混合者，稱為極性共價鍵。

12. 氧與氟形成共價鍵；鈣與氯形成離子鍵；鈉與鈉既不形成共價鍵也不形成離子

鍵，而是形成金屬鍵（將在《觀念化學 5 》第 18 章討論）；鈾與氯是離子鍵。

13. 當非金屬原子與第一族的元素這類電負度小的原子鍵結時，會拉住鍵結的電子使電子靠近自己，形成離子鍵。

14. 要形成共價鍵，原子至少必須至少對一個電子有相當強的吸引力。不過，金屬原子不易有這種吸引力，而易失去電子，形成帶正電荷的金屬離子。

15. 膦的化學式是 PH_3，與氨（NH_3）很像。注意在週期表上，磷在氮的正下方。

16. 氯化鍺（$GeCl_2$）的鍺有一對未共用的電子，那對電子把兩個取代基氯原子盡量推開，而不呈 180 度的方位，所以分子是彎曲的

17. 氯化鈣（$CaCl_2$）的電子點結構如下：

18. 乙烷（C_2H_6）的電子點結構如下：

$$
\begin{array}{c}
\text{H H} \\
\text{H:C:C:H} \\
\text{H H}
\end{array}
$$

19. 過氧化氫（H_2O_2）的電子點結構如下：

$$
\begin{array}{c}
\text{H} \\
\text{:O:O:} \\
\text{H}
\end{array}
$$

20. 乙炔（C_2H_2）的電子點結構如下：

$$\text{H:C:::C:H}$$

21. 硫酸有四個取代基，分子形狀是四面體。

22. 化合物 SF_4 比較不對稱，所以極性會比 PF_5 大。注意，PF_5 中間三個氟原子的方位，它們的電子拉住磷造成平衡。相反的，SF_4 兩個中間的氟，沒有氟原子在硫的相反方向平衡它們的電子拉力，結果是這兩個中間的氟會把電子拉向它們，使得此側的分子稍微成負電性。

23. 原子的電負度的來源是原子核的正電荷。更確切的說，那是電子在殼層內感受到的有效核電荷。

24. $O-H$（氧與氫的電負度差異最大）。

25. 最不對稱的 $O=C=S$，極性最大。

26. 在週期表愈靠近左下方的原子會帶有正電荷：依次為 $H-Cl$ 的氫、$Br-F$ 的溴、$C≡O$ 的碳、$Br-Br$ 中誰都沒有帶正電荷。

27. 極性漸增的趨勢：$N-N < N-O < N-F < H-F$

28. 硒－氯鍵的極性較大，從它們在週期表的相對位置就可以看出來；硫與溴距離週期表右上角的遠近，差不多一樣。

29. 水是極性分子，因為它的結構使得它的偶極不會互相抵銷。極性分子容易互相黏著，所以有相當高的沸點。相對的，甲烷是非極性的，因為它的結構對稱，所以沒有淨偶極，沸點相當低。水與甲烷的沸點受分子質量的影響較少，而是受分子間的吸引力造成的。

30. 二氧化碳中的兩個氧原子互相離開 180 度，使得它們對中央碳原子的拉力相等，方向相反，因此這兩個偶極互相平衡抵銷，使二氧化碳成為非極性化合物。

31. （a）左邊的化合物有兩個氯在雙鍵的同一邊，極性較強，因此沸點較高。

　　（b）左邊的分子 SCO，碳原子與一個硫原子與一個氧原子鍵結，比較不對稱，它的偶極不會如二氧化碳般抵銷得那麼乾淨。因此在左邊的分子有較高的沸點。

　　（c）氯原子的電負度相當強，會把碳的電子拉向自己。在左邊的分子 $COCl_2$，

氯的拉電子遭到氧相當強的抵抗，會使此分子的偶極化挫敗。在右邊分子
（$C_2H_2Cl_2$）的氫，電負度小於碳，所以實際上在幫助氯，把電子拉向同邊，
所以這個分子的極性比較強。因此右邊的分子 $C_2H_2Cl_2$，沸點較高。

32. 硼烷（BH_3）有三個取代基，都是氫原子。這些取代基均勻分布在硼原子的周圍
而呈平面，如表 6.2 所示，從中可以看到硼烷的對稱型態，因此硼烷是非極性
的。不過，氨（NH_3）有四個取代基，分別為三個氫與一對未共用電子對。氨的
未共用電子對使三個氫彎曲向下，分子幾何為四面體。氨分子的形狀，排除了未
共用電子對，如表 6.2 所示為三角錐，氫無法互相相對以抵銷極性，所以分子有
極性。

觀念化學 2

第 7 章　分子混合

關鍵名詞與定義配對

1. 氫鍵
2. 感應偶極
3. 溶劑
4. 溶質
5. 溶解
6. 飽和溶液
7. 不飽和溶液
8. 濃度
9. 莫耳
10. 莫耳濃度
11. 溶解度
12. 可溶
13. 不可溶
14. 沉澱

分節進擊

7.1 次顯微粒子以電力互相吸引

1. 化學鍵比分子間的吸引力強了很多倍。
2. 離子－偶極吸引力比感應偶極－感應偶極吸引力強。
3. 正的鈉離子會受水分子帶負電荷的那端吸引，而負的氯離子則受水分子的正電端吸引。
4. 水中有很多的離子－偶極吸引力，所以可使氯化鈉的離子鍵斷裂，把離子拉開。
5. 是不均勻分布的，電子聚集在分子的一個偶極端，使它稍帶負電荷，也使另一個偶極端稍帶有正電荷。

6. 氫鍵是極強的偶極－偶極吸引力。

7. 當氧分子靠近水分子時，氧分子就受水分子吸引。水分子的負電端把氧的電子推到離水最遠的地方，造成氧分子的電子有暫時性不均勻分布，稱為感應偶極。

8. 不是，感應偶極是暫時性的，僅發生在靠近水分子或其他偶極的時候。

9. 電子移動是隨機的，可以在瞬間使非極性原子的電子集中在一邊，感應出暫時性的偶極。所以非極性原子也能創造出感應偶極。

10. 氟是小原子，跟其他的分子只能呈微弱的感應偶極－感應偶極吸引力。

11. 如果有很多的感應偶極－感應偶極吸引力，分子較難進入氣相，只能留在液相，使得沸點較高。辛烷比甲烷分子大，有較多的感應偶極－感應偶極吸引力，因此辛烷的沸點較高。

7.2 溶液是單相的勻相混合物

12. 溶解更多蔗糖到蔗糖水溶液中，溶液的體積會增加。

13. 紅寶石是固體溶液，因為有微量的紅色鉻化合物平均分布在氧化鋁中，成為均勻的混合物。

14. 溶質是溶液中量較少的物質（是遭溶解的東西，如食鹽水溶液中的食鹽）。溶劑是溶液中最多量的東西（如食鹽水溶液中的水）。

15. 在固定體積的溶劑中，溶質的量越多，溶液的濃度就越高。

16. 飽和溶液就是在一定量的溶劑中，溶質達到容許的最大量。飽和溶液中不能再溶解更多的溶質，即使再多加溶質進去，也無法溶解於溶劑中。不飽和溶液中，溶質還未達到最大量，再多加進去的溶質，會溶解於溶劑中。

17. 溶液中溶質量的計算，是「溶液的濃度」乘上「溶液的體積」。

18. 一莫耳的數目很大，為 6.02×10^{23}。例如，一莫耳的彈珠不僅足夠覆蓋整個美國陸地，且厚度大於 4 公尺。

7.3 溶解度是量測溶質溶解的程度

19. 氧在水中的溶解度很小，是因為氧和水分子間僅有弱的偶極－感應偶極吸引力，使得水分子間的吸引力強過水分子與氧分子的吸引力。

20. 乙醇和水是靠氫鍵相互吸引。

21. 溫度變化會影響溶質溶解於溶劑的溶解度。在大部分已知的情形下，較高的溫度會增加溶解度。不過也有一些例外，此時在較高溫時反而會使溶解度降低。

22. 較高的溫度會降低氣體溶質溶解於液體溶劑的溶解度，因為高溫時氣體會有較高的動能，較不易停留在液體中。在較高的溫度下，氣體分子較易離開液體溶劑。

23. 過飽和溶液的配製是把飽和溶液加熱，然後不干擾它讓它慢慢冷卻。這樣溶質就會停留在溶液中，不會由溶液沉澱出來。

24. 兩種材料可以無限的互相溶解，是指它們之間沒有實質的飽和點。溶質間的次顯微吸引力與溶劑間的次顯微吸引力，大小差不多。

25. 氧溶於水，靠的電吸引力是偶極－感應偶極吸引力。

26. 溶質是溶於溶液的固體或氣體，沉澱是在溶液中形成的固體。溶質會成為沉澱，是因為有過多的溶質加到溶液中，溶液無法消受才把溶質沉澱出來。

27. 氣體的溶解度會因溫度增加而減少是因為氣體分子會有較大的動能，比較會從溶液中逃離出來。

28. 氧分子和全氟十氫奈烷都是非極性的。

7.4 肥皂同時靠極性與非極性的作用

29. 肥皂分子的尾巴包含了碳原子和氫原子，是分子的非極性部分。

30. 水和肥皂的互相吸引，是每一肥皂分子的極性頭部和每一水分子以強的離子－偶極吸引力。

31. 肥皂和汙垢之互相吸引在一起是靠感應偶極－感應偶極吸引力，因為肥皂的極性

會對汙垢感應出偶極。

32. 清潔劑是一種合成的肥皂，它有強的油脂滲透性。清潔劑比肥皂便宜。

33. 硬水中有大量的鈣離子和鎂離子。

34. 肥皂分子會吸引住鈣離子和鎂離子，是因爲後兩者都帶有2＋的電荷。肥皂比較會吸引這些離子，而不是自己的鈉離子（帶有1＋電荷）。

35. 碳酸鈉（Na_2CO_3）在碳酸根離子（CO_3^{2-}）上有2－電荷，鈣離子和鎂離子比較會受它的吸引，較不受肥皂分子上的1－電荷吸引。此時硬水的鈣離子和鎂離子，結合到碳酸根上而使水軟化。

▨ 高手升級

1. 因爲離子所帶的電荷大得多。

2. 溴原子比較大，使它較易形成感應偶極－感應偶極吸引力。

3. 同樣是藉由感應偶極－感應偶極的分子間吸引力。

4. （a）的分子是極性的，在 O－H 鍵是極性端，但碳氫鍵卻是非極性的。因爲它有極性及非極性的部分，所以能把汽油與水拉在一起形成單一液相。

5. 沸點升高是因爲分子間的相互作用的力，數目增加。要記住，當我們講到物質的「沸點」時，指的都是純物質。我們見到戊醇的沸點相當高，因爲戊醇分子會互相吸引（有感應偶極－感應偶極吸引力、偶極－偶極吸引力與偶極－感應偶極吸引力等分子間吸引力）。當我們指某個物質的「溶解度」，是指該物質與另一個物質相互作用力有多強，在本例中指的是水。注意，水不太會受戊醇吸引，因爲戊醇大部分是非極性的（只有 OH 基是極性的），所以戊醇不太能溶在水中。設想你若是水分子，你會怎樣受甲醇分子吸引，或怎樣受戊醇分子吸引。

6. 高沸點就是指該物質的分子間相互作用力很大。水分子會受 1,4-丁二醇的兩端吸引，所以 1,4-丁二醇可以無限溶於水中。

7. 氮原子比較大，可以有較大的偶極－感應偶極吸引力，所以氮分子比較能溶於水中。

8. 壓力愈大，溶解度會愈大。液體中的氣體的溶解度隨壓力增加而增加。這種原理也應用在汽水飲料的製造。

9. 氦較不溶於體液中，在固定壓力下，溶解度也比氮較小。因此在減壓時，氦氣也較不可能「變成氣泡跑出來」造成傷害。

10. 兩種物質用任何比例都可以混合得很均勻時，稱為可無限溶解。以這種定義來說，惰性氣體可無限溶解於其他的惰性氣體中。

11. 蔗糖溶液是否飽和，可以加入更多的蔗糖，看是否還能再溶解來判定。如果蔗糖可以再溶解，溶液即為未飽和。另一種方法是把溶液冷卻，看會不會有蔗糖沉澱出來。如果有沉澱，那麼這個溶液就是飽和溶液。不過，因為蔗糖很容易形成過飽和溶液，以上兩種方法不一定都有效。

12. 氯化鈉（$NaCl$）。

13. $10°C$ 時，硝酸鈉（$NaNO_3$）的飽和溶液，濃度高於氯化鈉（$NaCl$）的飽和溶液。

14. 愈易溶解的溶質，在未達飽和點之前，愈可製得較濃的濃度。因此，化合物 X 會比化合物 Y 更易溶解。

15. 假定濃度是指固定溶液體積中的質量（或莫耳）單位，那麼溫度提高時，濃度會減少。

16. 食鹽由離子組成，離子間的吸引力非常大。汽油是非極性的，所以食鹽和汽油沒有強的交互作用力。

17. 物質的極性對該物質沸點的影響非常大，比質量的影響還大。影響沸點的是分子的「黏度」：黏度愈大，沸點就愈高。氘多出來的中子並不影響重水（D_2O）的化學鍵結，它與普通水（H_2O）的化學結構是一樣的。因為它們有相同的化學結構，沸點應該也差不多，因此 H_2O 的沸點為 $100°C$；D_2O 的沸點為 $101°C$。有趣的是，氘雖然質量較大，但質量對沸點的影響卻極小。

18. 氧化鋁的熔點較高，因為離子有較大的電荷，所以離子間的吸引力也較大。

19. 雖然氧（O_2）在水中的溶解度不好，但有很多氣體在水中的溶解度很好。從第 6 章的概念知道，氯化氫分子有一點極性。HCl 與 H_2O 分子間會有偶極－偶極吸引力，所以氯化氫氣體在水中的溶解度良好。

20. 氧在水中的溶解度隨溫度的減少而增加。因此，寒冷極地的水，含氧量多於溫暖的赤道的水。

21. 機油比汽油黏稠。也就是機油分子間的吸引力，大於汽油分子間的吸引力。與結構 B 相比，結構 A 組成的材料，有較大的感應偶極－感應偶極吸引力。因此機油就是結構A，汽油分子是結構B。

22. 沸點是指分子彼此分離的難易程度，沸點的概念不適用於單一個分子。

23. 分子內原子排列的不同，會使它的物理性質與化學性質全然不同。乙醇含極性的－OH基，這種極性使乙醇可溶於水中。二甲醚的氧接在兩個碳之間，形成 C－O－C，氧與碳之間的電負度差異，不像氧與氫的差異那麼大。因此，C－O鍵的極性小於O－H鍵的極性。所以，二甲醚的極性比乙醇的極性小得多，所以不易溶於水中。

24. 離子化合物熔化時，要克服離子間的離子鍵。共價化合物熔化時，要克服分子間的分子吸引力。因為離子鍵比分子間吸引力強太多了，所以離子化合物的熔點會比共價化合物高很多。

25. 為了要聞到味道，散發味道的分子必須要揮發來到你的鼻子才行。不會揮發的香料，就不會有氣味。

26. 要除去手上的鹽類，並不一定要用肥皂。水與鹽類間的離子－偶極交互作用力，就強到足夠除去手上的鹽類。

27. 這些先冒出來的氣泡，是溶在水中的氣體由溶液中跑出來，因為溫度升高時，氣體在水中的溶解度會降低。靜置的溫水壺內壁上的氣泡，會比靜置的冷水壺內壁上的更多。

28. 煮沸時會把溶於水中的空氣去除掉。滾水冷卻後，水中的空氣含量已經大幅減少了，所以魚會溺斃。

29. 大部分的家用軟水設備是用鈉離子來替換自來水中的鈣離子與鎂離子的。因此，軟化後的水，鈉離子含量會增加。

思前算後

1. 濃度乘上體積：（0.5 公克／公升）（5 公升）＝ 2.5 公克

2. 質量＝（濃度）（體積）＝（3.0 公克／公升）（15 公升）＝ 45 公克

3. （a）$\dfrac{1\ \text{莫耳}}{1\ \text{公升}} = 1M$

   （b）$\dfrac{2\ \text{莫耳}}{0.5\ \text{公升}} = 4M$

4. 溶液的總體積應該是 20 公克／（10 公克／公升）＝ 2 公升，但這是溶液的體積，不是溶劑的體積。記住，溶液的體積等於溶質的體積加上溶劑的體積。水（溶劑）的體積等於溶液的體積減去氯化鈉（溶質）的體積。省略掉有效數字的規定（見觀念化學附錄 B），假定 20.0g 的氯化鈉占有 7.5 毫升（0.0075 公升），水的體積應該是：

溶液的體積：　2.0000 公升

溶質的體積：　0.0075 公升

　水的體積：　1.9925 公升

但是不要浪費時間量測 1.9925 公升的水。更好的方法是配製溶液時，先把氯化鈉加到空容器中（先校訂到 2 公升），然後添水製成 2 公升的溶液。

第8章　　奇妙的水分子

關鍵名詞與定義配對

1. 內聚力
2. 附著力
3. 表面張力
4. 彎月面
5. 毛細作用
6. 昇華
7. 比熱
8. 熔化熱
9. 凝固熱
10. 蒸發熱
11. 凝結熱

分節進擊

8.1　水分子結冰會形成開放的晶體結構

1. 冰的密度沒有液態水大，因為水凝固時會膨脹，所以在固相時，每一個水分子所占的空間比在液相時還大。
2. 冰晶內的空間什麼都沒有。
3. 當冰受壓時，晶體結構開放的小口袋會崩垮。在壓力下，這小量的冰會熔化。

8.2　凝固與熔化會同時發生

4. 在熔點（凝固點）的溫度，液相的分子移動得較慢，所以會凝集在一起，慢慢形成固體。而固相的分子振動得很快，其中很多會從晶體的結構中鬆脫斷裂開來，成為液體。

5. 當兩個水分子間形成氫鍵時會釋出能量。

6. 形成冰晶是放熱過程，所以抽取熱會加速冰晶的形成。此外，從冰與水的混合物中抽取熱時，分子間的吸引力並沒有受影響。

7. 加熱能到冰水中時，如果熱能足以克服氫鍵時，水分子會自固體掙脫，進入液相。所以加入熱有於利形成水。

8. 如果有溶質存在水中，溶質會占掉空間，使液體與固體的界面上，液體分子的數目減少。因為溶質分子占據空間，減少水分子附著在冰面的機率，因而提高了水的凝固點。

9. 接近凍結的水含有微小冰晶，冰晶的密度比水小因此水的密度會降低。

10. 當 0℃ 的液態水溫度稍微提升時，體積會收縮。水在 4℃ 時比在 0℃ 時，密度更高（體積較小＝較收縮）。

11. 水的溫度增加，分子運動（動能）會增加。

12. 水的體積最小時是在 4℃。水的密度最大時，也是在這個溫度，因為若質量固定，水在 4℃ 時體積最小。

13. 水接近凝固點 0℃ 時，密度比在較溫暖時還低，會「浮」在較溫暖的水上。所以冰會在水體的表面形成，而不是在下方形成。

8.3 水分子的黏性造就液態水的性質

14. 內聚力是物質內的分子間吸引力，附著力是兩種不同物質間的分子間吸引力。

15. 在液表面上的水分子沒有被往上拉。

16. 液體如果有較強的分子間吸引力，就需要更多能量才能撕裂液體的表面。因此，有愈強的分子間吸引力的，表面張力會愈大。

17. 管子愈細狹，水爬升得愈高。細管子內，水與管壁接觸的表面積相對於管內的水重，會有較高的比值。

18. 在毛細作用中液態水爬升的高度，與水與管子間向上的附著力與在管內上升的水

重有關，當兩者相等時就達最大高度。

8.4 水分子自由的出入液相及氣相

19. 液體中分子移動的速度都不一樣，液體的溫度就是測量這些分子的平均速率（也就是這些分子的「平均動能」）。

20. 蒸發是一種冷卻的過程。因為分子離開液相時也帶走動能，於是液相因為動能的減少而冷卻；此外當蒸發的分子進入空氣時，也把空氣冷卻，因為新進來的分子比原來在空氣中的分子還冷。

21. 昇華是分子從固相直接進到氣相的過程。

22. 凝結是一種加熱過程，因為它是移動速度較慢的蒸氣分子，從氣相進入液相的過程。移動速度較慢的蒸氣分子，動能低於其他蒸氣分子，這些較低溫的分子離開後，可以提高氣體的溫度。而跟蒸發過程一樣，氣體分子離開的氣相，與後來進入的液相，都在凝結過程中升溫。

23. 當 $100°C$ 的液態水碰到你的皮膚時並不改變相態，但 $100°C$ 的水蒸氣燙到你的皮膚時會凝結，凝結是一種加熱過程，所以你讓水蒸氣燙到時，會燙傷得較厲害。

24. 在濕熱的日子裡，凝結與蒸發一來一往作用。濕空氣中的水蒸氣凝結在你的皮膚上，使你感覺到悶熱不舒服。

25. 在壓力鍋的高溫使食物快一點熟，水面上的加壓蒸氣阻緩了沸騰，使液體能達到較高的溫度。

26. 在高海拔的地方大氣壓力較低，液態水在低於 $100°C$ 時就會沸騰。

8.5 改變液態水的溫度，要用很多能量

27. 液態水有高比熱是因為氫鍵需要大量的能量（熱的形態）來打斷。水可吸收大量的熱（用來打斷氫鍵）並儲存為位能。

28. 低比熱的物質，溫度比較容易改變，因為它比較沒有「儲存」能量的潛力。

29. 加熱較快的物質，比熱較小。

30. 水的比熱比其他常見物質的比熱高很多。

31. 在冬天，歐洲因為受洋流的影響，一般都比加拿大東北地區溫暖。這些洋流帶著水從溫暖的加勒比海到達歐洲，因為水很能保持熱能，流到歐洲的洋流能產生溫暖的效應。

32. 受海洋包圍的島嶼與半島，溫度相當穩定，因為大量的水體不易快速加熱或冷卻，所以水對這些陸地的溫度有穩定的效應。

8.6 相變化需要有能量的進出

33. 水凝固時，是把熱釋放到環境中的。

34. 冰加熱熔化時，溫度不升高是因為加進來的熱，是用來打斷氫鍵的。

35. 熔化 1 公克冰需要 335 焦耳的熱。

36. 冰箱是靠冷凍劑的蒸發來進行冷卻的，因為蒸發是一種冷卻過程。

37. 此時本來會燙到手指的熱，會因為手指是濕的，熱會轉而把水從液相轉變到氣相，所以就不燙傷手指了。

38. 要使水沸騰比使冰熔化需要更多的能量。因為蒸氣分子相當自由，不像在液相的分子會互相綁在一起。

高手升級

1. 如同在第 6 章所說的，氟化氫（HF）與氨（NH₃）都是極性分子。這些物質的組成分子間，都有很強的分子間吸引力，因此有相當高的沸點。

2. 你自己有沒有試過在沸水中丟入冰塊？如果沒有，現在你就有機會來試試了。給你一個提示，請仔細研究圖 8.10。

3. 冰熔化後水位沒有改變。原因究竟為何，請參考下一題的解答。

4. 六角形冰晶中無數「開放空間」的總體積，等於浮在水面上的冰的體積。冰熔化後，原本的開放空間剛好可以讓浮在水面上的冰填入。這就是冰熔化後，水位不會上升的理由。

5. 因為水膨脹的程度比管材還厲害，如果管內的水凝固了，會造成管子破裂。

6. 鹽的濃度增加，液相水分子與冰接觸的數目就減少了。這會使凝固的速率降低（不過此時熔化的速率並沒有受影響，所以溫度還要更低一些，分子才會動得較慢，使凝固速率與熔化速率一致）。因此，食鹽水溶液的濃度愈大，凝固點愈低。

7. 把熱加到冰裡，會增加冰裡頭水分子的振動，使氫鍵斷裂。因此加熱會促進熔化的速率，而減緩凝固的速率。

8. 水在 $4°C$ 時密度最大。以水為指標的溫度計，在 $4°C$ 時不論受冷或受熱，都會膨脹（刻度都會上升）。

9. 圖 d。

10. 如果冷卻是發生在湖底而不是在湖面，冰仍會在湖面形成，但湖泊凝固的時間會加長。因為湖泊裡所有的水必須要降溫至 $0°C$ 才能結冰，而不是原本的 $4°C$。並且因為冰的密度比水小，湖底結的冰會浮到湖面上。（結冰時已附著在湖底的冰塊除外。）

11. 溶質的存在會阻擾冰晶形成的速率，所以鹽水會阻擾微冰晶形成的速率。你可以回想一下，形成微冰晶是水降溫到 $4°C$ 以下時會膨脹的主因。鹽水因為不形成微冰晶，所以體積會繼續一路收縮至凝固點（約 $-18°C$）。因此，海水的密度最高點，是在它剛要凝固前。海水的凝固行為與水大為不同。你如果想親自觀察這個情形，可在冰箱同時放一杯鹽水與一杯水，進行實驗。

12. 海水冷卻時，密度會增大。密度增大的海水會下沉到海底，不過在海底時，上方來的水壓會阻緩凝固速率。但是在超冷的極區溫度影響下，冷卻發生得極快，在海水下沉前，可能會形成冰晶浮在海面。一旦冰晶形成了，冰就會浮在海面形成薄殼，雪會囤積其上形成冰層，在北極洋上形成北極冰帽。冰帽保護海面下的液

態水不與極冷的大氣溫度接觸。北極冰帽與南極冰帽的增長，都是由積雪而來。

13. 富氧的表面水會下沉到湖底，一直冷卻到 4℃ 為止。這對於在湖底的水中生物是有利的。同時，富養分的深層水給推往上到湖面，這對於生活在湖面附近的水中生物也是有利的。

14. 秋天時，溫度下降，富氧的表面水下沉到海底，由富養分的深層水所取代，富養分的深層水浮到海面來，稱為「上湧作用」，這是極區水中生命循環的基礎。

15. 熱帶地區，表面水從沒機會冷卻沉入海底，產生「上湧作用」（見上一題）。沒有上湧作用，熱帶地區的海水就永保清澈。

16. 在較寬的玻璃管裡有較多的水，因此重量增大，可以爬升的高度就減少。

17. 水銀的分子間內聚力，強於水銀與玻璃的附著力。

18. 自己做這個試驗，直接觀察水的內聚力。

19. 較冷的水分子移動得較慢，所以內聚力較強，表面張力會增加。因此，把一湯匙植物油加到一壺冷水中，可以看到油滴浮在水面上（因為水分子間的吸引力太大了）。水分子在較高溫時移動得較快，內聚力較弱，表面張力減小。一湯匙的植物油加到熱水中就會擴散了。

20. 這是水與金屬（兩種不同的物質）的附著力。這類的分子間作用力屬於偶極－感應偶極吸引力。

21. 蠟質表面是非極性的，水對它沒有很強的吸引力，所以表面積要盡量縮小，水就易形成球形。不過，水滴停留在固體表面時，會受地心引力把水球壓扁。

22. 深海海底的水壓甚大，會阻緩水蒸氣氣泡的形成。

23. 濕潤的手指迎向風時，蒸發速率最快，因此手指會感覺冷意。手指發冷的那面，就是迎風面。

24. 在熱湯上吹氣就是把熱蒸氣移除，這會增加熱湯的淨蒸發與冷卻效果。因為熱蒸氣容易凝結，會降低淨蒸發效應。（另外，移除空氣會降低湯面的壓力，增加蒸發速率）。

25. 瓶子用濕布包住時，會因布上的液體蒸發而冷卻。當蒸發進行時，還留在布上的液體，平均溫度很容易下降，甚至降得比原本的水溫還低。所以野餐時要冷卻啤酒、汽水等，可以用濕布包住瓶子使之冷卻。但冷水中的瓶子，溫度最多與水溫相當，並不會更冷。因此，用濕布包住的瓶子，溫度最低。

26. 雖然降低壓力時，水會在較低溫時沸騰，但低溫的水無法煮熟食物。食物不是靠冒泡的水煮熟的，而是靠熱煮熟。在真空裡，室溫的水就會沸騰，但水會在沸騰時並無法傳送很多熱能給蛋。在這種沸水中，蛋根本就不會熟。

27. 就如同前一題的答案一樣，煮熟食物要靠高溫與熱能，如果水在低溫沸騰（假設是在低壓下），無法給食物足夠的熱。

28. 沸騰水泡裡的氣體，雖然看起來像空氣，但主要還是水蒸氣。

29. 燒瓶裡的空氣壓力很低，所以從你手上傳來的熱（不是你手上的壓力）就會使裡頭的水沸騰。

30. 總而言之，蒸發是一種冷卻過程。在蒸發時中並沒有東西給加熱了。

31. 鍋上的蓋子會捕集熱，因此會加速沸騰；蓋子也會增加沸水的壓力，使沸點提高。當然，較熱的水會使烹煮的時間縮短。

32. 如果水的比熱較低，池塘會較易結冰。這是因為水放出能量時，溫度會降低得較快，水就會較快冷卻到冰點。

33. 你希望水箱液能吸收引擎的熱，以免引擎熔融。高比熱的水箱液比較能有效的吸熱。不過，引擎的效率隨溫度的增加而增加，如果引擎太冷的話也不理想。水箱液的配方，通常使比熱調節在能讓引擎在最適當溫度操作時。

34. 液體的比熱較小時，相同的能量輸入，上升的溫度會較多。身體發燒時，就會到達較高的溫度。

35. 百慕達像所有的島嶼一樣，氣候受高比熱的水所調整。氣溫受水大量的能量釋放與吸收調節，因此變化不大。當空氣比水還冷時，水就會使空氣變暖，當空氣比水還暖時，水就會冷卻空氣。

36. 舊金山外海會在冬天冷卻，它損失的熱暖和了與它接觸的大氣。這種熱風吹過加州海岸造成相當溫暖的氣候。但是如果吹的是東風而不是西風時，舊金山的氣候在冬天就會冷颼颼，因為風是來自冷而乾的內華達州；華盛頓特區的氣候則反過來，空氣因大西洋冷卻而加溫，溫暖的空氣吹到華盛頓特區，在冬天產生暖和的氣候。

37. 從火爐來的很多熱用在改變水的相態，只要水還是維持在液相，爐子的溫度不會比水的沸點（100℃）高多少。

38. 每 1 公克的水凝結時會放出 80 卡的能量到地下室。這種持續的放熱使得地下室的溫度不低於 0℃。同時，罐頭食物裡的糖與鹽也會阻止溫度低於 0℃。只有當缸裡所有的水都凍結時，地下室的溫度才會低於 0℃，這時也會凍結罐頭食物。因此，農夫必須在水還沒完全凍結前更換另一缸水。

39. 這個熱會輻射到環境中。如果要熔化冰，這些熱就必須要反射回到冰中。

40. 剩下的 3 公克會轉成 0℃ 的冰，在條件適合時（例如，如果 2,259 焦耳都是來自剩下的水，周圍溫度低於凝固點以下，沒有提供能量）。2,259 焦耳來自 3 公克的水，意思是每 1 公克放出 753 焦耳，其中 418 焦耳是 1 公克沸水溫度降低到 0℃，而 335 焦耳是轉化成冰時放出的。這就是為什麼熱水在冰冷的冬天裡很快就轉成冰。

■ 思前算後

1. 熱量＝（4.184 焦耳／公克 ℃）×（100 公克）×（＋7℃）

＝ 2,928.8 焦耳

約 3,000 焦耳。

2. 從表 8.1 得知，鐵的比熱是 0.451 焦耳／公克 ℃。所以，總需要的熱量是：

熱量＝ 100,000 公克 × 0.451 焦耳／公克 ℃ × 30℃ ＝＋ 1,353,000 焦耳

需要1,343,000焦耳，這約比水所需要的能量還少 1 千萬焦耳。

3. 230 焦耳＝（4.184焦耳／公克℃）×（5.0 公克）×（x）

$$\frac{230\,焦耳}{(4.184焦耳／公克℃)×(5.0\,公克)} = x$$

增加＝ 11℃

週 期 表

圖例

- □ 非金屬元素　　綠字元素：固態
- □ 金屬元素　　　橘字元素：液態
- □ 兩性元素　　　藍字元素：氣態

說明方塊：
- 1 — 原子序
- 氫 H — 元素名稱 / 元素符號
- 1.008 — 原子量

族	1	2	3	4	5	6	7	8	9	10	11	12	13	14	15	16	17	18
週期 1	1 氫 H 1.008																	2 氦 He 4.003
週期 2	3 鋰 Li 6.94	4 鈹 Be 9.012											5 硼 B 10.81	6 碳 C 12.01	7 氮 N 14.01	8 氧 O 16.00	9 氟 F 19.00	10 氖 Ne 20.18
週期 3	11 鈉 Na 22.99	12 鎂 Mg 24.31											13 鋁 Al 26.98	14 矽 Si 28.09	15 磷 P 30.97	16 硫 S 32.06	17 氯 Cl 35.45	18 氬 Ar 39.95
週期 4	19 鉀 K 39.10	20 鈣 Ca 40.08	21 鈧 Sc 44.96	22 鈦 Ti 47.88	23 釩 V 50.94	24 鉻 Cr 52.00	25 錳 Mn 54.94	26 鐵 Fe 55.85	27 鈷 Co 58.93	28 鎳 Ni 58.69	29 銅 Cu 63.55	30 鋅 Zn 65.38	31 鎵 Ga 69.72	32 鍺 Ge 72.63	33 砷 As 74.92	34 硒 Se 78.97	35 溴 Br 79.90	36 氪 Kr 83.80
週期 5	37 銣 Rb 85.47	38 鍶 Sr 87.62	39 釔 Y 88.91	40 鋯 Zr 91.22	41 鈮 Nb 92.91	42 鉬 Mo 95.95	43 鎝 Tc (97)	44 釕 Ru 101.1	45 銠 Rh 102.9	46 鈀 Pd 106.4	47 銀 Ag 107.9	48 鎘 Cd 112.4	49 銦 In 114.8	50 錫 Sn 118.7	51 銻 Sb 121.8	52 碲 Te 127.6	53 碘 I 126.9	54 氙 Xe 131.3
週期 6	55 銫 Cs 132.9	56 鋇 Ba 137.3	57-71 鑭系元素	72 鉿 Hf 178.5	73 鉭 Ta 181.0	74 鎢 W 183.8	75 錸 Re 186.2	76 鋨 Os 190.2	77 銥 Ir 192.2	78 鉑 Pt 195.1	79 金 Au 197.0	80 汞 Hg 200.6	81 鉈 Tl 204.4	82 鉛 Pb 207.2	83 鉍 Bi 209.0	84 釙 Po (209)	85 砈 At (210)	86 氡 Rn (222)
週期 7	87 鍅 Fr (223)	88 鐳 Ra (226)	89-103 錒系元素	104 鑪 Rf (267)	105 𨧀 Db (268)	106 𨭎 Sg (269)	107 𨨏 Bh (270)	108 𨭆 Hs (269)	109 䥑 Mt (278)	110 鐽 Ds (281)	111 錀 Rg (282)	112 鎶 Cn (285)	113 鉨 Nh (286)	114 鈇 Fl (289)	115 鏌 Mc (290)	116 鉝 Lv (293)	117 鿬 Ts (294)	118 鿫 Og (294)

鑭系元素

57 鑭 La 138.9	58 鈰 Ce 140.1	59 鐠 Pr 140.9	60 釹 Nd 144.2	61 鉕 Pm (145)	62 釤 Sm 150.4	63 銪 Eu 152.0	64 釓 Gd 157.3	65 鋱 Tb 158.9	66 鏑 Dy 162.5	67 鈥 Ho 164.9	68 鉺 Er 167.3	69 銩 Tm 168.9	70 鐿 Yb 173.1	71 鎦 Lu 175.0

錒系元素

89 錒 Ac (227)	90 釷 Th 232.0	91 鏷 Pa 231.0	92 鈾 U 238.0	93 錼 Np (237)	94 鈽 Pu (244)	95 鋂 Am (243)	96 鋦 Cm (247)	97 鉳 Bk (247)	98 鉲 Cf (251)	99 鑀 Es (252)	100 鐨 Fm (257)	101 鍆 Md (258)	102 鍩 No (259)	103 鐒 Lr (266)

圖片來源

圖 5.1、圖 5.8a、圖 5.8b、第 23 頁生活實驗室觀念解析、圖 5.15、圖 5.19、圖 6.9、圖 7.17、圖 8.1、圖 8.32 由作者蘇卡奇（John Suchocki）提供

圖 5.4 a、b Images reproduced by permission of IBM Research, Almaden Research Center. Unauthorized use not permitted

圖 5.5a、圖 6.17 購自富爾特圖庫

圖 5.5b 交通部中央氣象局

圖 5.9、圖 6.13（瓶子）、圖 7.8a（碘）、圖 7.8b（瓶子）、圖 8.3 a（水杯）、圖 8.3b（石蠟）、8.4（溜冰圖）、圖 8.16（水柱）、圖 8.24（4）、第 258 頁週期表由邱意惠繪製

圖 7.21©GORDON BAER/CINCINNATI/USA

圖 7.5 由許智瑋攝

圖 8.14（a）、圖 8.22 由美國航空暨太空總署（NASA）提供

圖 8.14（b）由孫銘志攝影

第 50 頁（左）©The Nobel Foundation

第 100 頁生活實驗室（軟糖分子模型）、圖 7.9（鍋子）、圖 8.12（迴紋針）由天下文化編輯部攝影

除以上圖片來源，其餘繪圖皆取自本書英文原著。

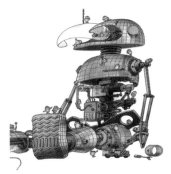

國家圖書館出版品預行編目 (CIP) 資料

觀念化學 . 2, 化學鍵‧分子／蘇卡奇（John Suchocki）著；蔡信行
　譯 . -- 第三版 . -- 臺北市：遠見天下文化 , 2020.06
　　面；　公分 . --（科學天地；171）
　譯自：Conceptual chemistry : understanding our world of atoms and
　　　　molecules, 2nd ed.
　ISBN 978-986-5535-08-7（平裝）

　1. 化學

340　　　　　　　　　　　　　　　　　　　　　　109007103

科學天地 171

觀念化學 2
化學鍵・分子
Conceptual Chemistry: Understanding Our World of Atoms and Molecules

原　　　著 —— 蘇卡奇（John Suchocki, Ph. D.）
譯　　　者 —— 蔡信行
科學叢書顧問 —— 林和（總策畫）、牟中原、李國偉、周成功

總 編 輯 —— 吳佩穎
編輯顧問 —— 林榮崧
責任編輯 —— 林文珠、徐仕美；吳育燐
美術設計暨封面設計 —— 江儀玲

出 版 者 —— 遠見天下文化出版股份有限公司
創 辦 人 —— 高希均、王力行
遠見・天下文化 事業群董事長 —— 高希均
事業群發行人／CEO —— 王力行
天下文化社長 —— 林天來
天下文化總經理 —— 林芳燕
國際事務開發部兼版權中心總監 —— 潘欣
法 律 顧 問 —— 理律法律事務所陳長文律師
著 作 權 顧 問 —— 魏啟翔律師
社　　　址 —— 台北市 104 松江路 93 巷 1 號 2 樓
讀者服務專線 —— 02-2662-0012
傳　　　真 —— 02-2662-0007；02-2662-0009
電 子 信 箱 —— cwpc@cwgv.com.tw
直接郵撥帳號 —— 1326703-6 號
　　　　　　　遠見天下文化出版股份有限公司

電腦排版 —— 東豪印刷事業有限公司；黃秋玲
製 版 廠 —— 東豪印刷事業有限公司
印 刷 廠 —— 立龍藝術印刷股份有限公司
裝 訂 廠 —— 台興印刷裝訂股份有限公司
登 記 證 —— 局版台業字第 2517 號
總 經 銷 —— 大和書報圖書股份有限公司
電　　　話 —— 02-8990-2588
出版日期 —— 2022 年 1 月 22 日第三版第 2 次印行

定　　　價 —— NT550 元
書　　　號 —— BWS171
ISBN —— 978-986-5535-08-7（英文版 ISBN：9780805332292）

天下文化官網 —— bookzone.cwgv.com.tw
※ 本書如有缺頁、破損、裝訂錯誤，請寄回本公司調換。